地质勘查与煤矿资源开采利用

薛 冰 唐 珏 著

吉林科学技术出版社

图书在版编目（CIP）数据

地质勘查与煤矿资源开采利用 / 薛冰，唐珏著．－
长春：吉林科学技术出版社，2023.10
ISBN 978-7-5744-0940-8

Ⅰ．①地… Ⅱ．①薛… ②唐… Ⅲ．①煤矿－地质勘
探－研究②煤矿开采－研究 Ⅳ．①P618.110.8②TD82

中国国家版本馆CIP数据核字（2023）第199458号

地质勘查与煤矿资源开采利用

DIZHI KANCHA YU MEIKUANG ZIYUAN KAICAI LIYONG

作　者	薛　冰　唐　珏
出 版 人	宛　霞
责任编辑	靳雅帅
封面设计	树人教育
制　版	树人教育
幅面尺寸	185mm×260mm
开　本	16
字　数	280千字
印　张	12
印　数	1-1500册
版　次	2023年10月第1版
印　次	2023年10月第1次印刷
出　版	吉林科学技术出版社
发　行	吉林科学技术出版社
地　址	长春市南关区福祉大路5788号出版大厦A座
邮　编	130118

发行部电话/传真　0431—81629529　81629530　81629531
　　　　　　　　　　　　81629532　81629533　81629534

储运部电话　0431-86059116

编辑部电话　0431-81629510

印　刷	廊坊市印艺阁数字科技有限公司
书　号	ISBN 978-7-5744-0940-8
定　价	65.00元

前　言

　　煤炭作为二十一世纪世界主要的能源物质，即便是进入了二十一世纪仍旧在能源中占据主要地位，尤其是在我国。我国的能源种类较为单一，而已经探明的煤炭储量在一万亿吨。而天然气、石油在能源利用中也逐步发展，但由于资源本身的赋存条件以及开发、勘探等因素的限制，短时期内还不能大规模的进行生产。随着市场经济的不断深入改革，煤炭工业的发展需要与市场条件相适应才能够提高自身的竞争力，立稳市场，现代煤炭工业的发展要求是安全、经济、高效。

　　作为目前所有国家的基础能源物质，煤炭起到了重要的作用，无论是国家的建设还是经济的发展，乃至国防建设都建立在煤矿产业的发展基础之上。从目前的形势分析，我国的煤炭开采状况中，浅层煤炭已经储量不多，因此我们不得不将开采方向转向更深层次的煤炭。但是深层煤的开采有着一定的难度，必须利用综合性的勘探技术对其位置进行确定，才能有效的进行资源开采，缩短生产周期，提高生产效率。

　　煤炭行业在未来将会走向新的发展方向，煤矿的地质勘探技术必然也会出现一些新的局面。由于勘探技术的重要性和优越性，因此掌握地质勘探技术对于每一个煤矿工作者来说都是必不可少的。

　　在煤矿开采中，地质勘查是不可或缺的一个重要环节，它可以在有效保证煤矿在安全生产的前提下，提高开采的工作效率，节省煤矿因盲目开采所造成的成本流失。为了确保煤炭在开采过程中的安全、高效，减少煤矿安全事故的发生，地质检测人员通过先进的设备和仪器，对煤矿生产的各个区域的水文条件、环境地质因素和工程地质因素，进行强有力的监测和勘查，防止由于地质原因引发煤矿安全事故，使得煤矿开采工作可以安全顺利的进行，来达到提高煤矿工程经济效益的目的。

　　地质勘察技术在煤矿开采中占据着至关重要的位置，在实际的煤矿开采过程中，水文条件、地质条件和外在的环境条件都存在多变的性质，煤矿地质的勘查可以间接的影响采煤的质量，煤企应该紧跟其事，不断的引进最新型的设备，来保障煤矿开采过程中煤炭的质量，在保障安全生产的同时进一步提升企业的经济效益。

编委会

目　录

第一章　煤矿工程地质勘查概述 ·································· （1）

第一节　岩土体工程地质性质 ···························· （1）

第二节　岩土体赋存的地质环境要素 ···················· （17）

第三节　工程地质模型与工程地质图件 ·················· （26）

第四节　煤矿工程地质勘查 ···························· （31）

第二章　煤矿工程勘查技术 ·································· （41）

第一节　坑探工程 ···································· （41）

第二节　钻探方法 ···································· （45）

第三节　金刚石岩心钻探方法 ·························· （50）

第四节　钻孔的设计与编录 ···························· （52）

第三章　煤矿工程勘查阶 ···································· （64）

第一节　基础概述 ···································· （64）

第二节　普查阶段 ···································· （67）

第三节　详查阶段 ···································· （73）

第四节　勘探阶段 ···································· （76）

第四章　煤矿勘查取样 ···································· （81）

第一节　取样理论基础 ································ （81）

第二节　勘查取样 ···································· （93）

第三节　勘查取样的种类 ······························ （97）

第四节　样品分析与测试 ····························· （107）

第五章　煤矿采煤方法与采煤工艺 ························· （110）

第一节　采煤方法概述 ······························· （110）

第二节　机械化采煤工艺 ····························· （114）

第三节　放顶煤采煤工艺 ····························· （126）

第四节　大采高一次采全厚采煤工艺 ··················· （128）

第六章　煤矿露天开采与特殊开采 ······················· （130）

    第一节　煤矿露天开采 ···（130）

    第二节　煤矿特殊开采方法 ···（144）

第七章　煤炭的提质 ···（153）

    第一节　煤炭分选 ···（153）

    第二节　井下选煤技术 ···（165）

    第三节　配煤与型煤技术 ···（167）

    第四节　水煤浆技术 ···（172）

第八章　煤系共伴生资源综合利用 ···（175）

    第一节　煤系高岭土 ···（175）

    第二节　煤系耐火黏土 ···（178）

    第三节　煤系铝土矿 ···（179）

    第四节　煤矸石 ···（180）

    第五节　煤系其他矿产资源 ···（184）

参考文献 ···（188）

第一章 煤矿工程地质勘查概述

第一节 岩土体工程地质性质

一、物质组成

（一）煤系岩石的岩性、岩相

煤系是一套具有成生联系的含有煤层或煤线的沉积岩系。煤系是在潮湿气候条件下形成的，表现在沉积岩的颜色上主要是黑色、灰黑色和灰绿色。煤系的岩性以各种粒度的碎屑岩和黏土岩为主，有时夹有化学岩、生物化学岩，如石英砂岩、长石砂岩、硬砂岩、粉砂岩、砾岩、泥岩、页岩。煤系的沉积岩层，非水平层理比较发育，往往有尖灭层和透镜体，并含有丰富的植物化石。

煤系的岩相有陆相、过渡相和海相三大类。我国几个主要聚煤期中，石炭二叠纪多为海陆交互相、陆相沉积；中侏罗纪、白垩纪和第三纪多为陆相沉积。

（二）三相组成及其意义

岩土体由固相骨架、液相的水（实际上是复杂的电解质水溶液）和气相三相组成。由于三相截然不同的物理力学属性，造成不同相系组成的岩土体性质的差异很大。特别是岩土体中流体（液体和气体）往往是各种煤矿工程地质问题产生的重要根源，因此，重视研究岩土体的三相组成及其在工程活动作用下的物理力学及化学响应机制，对于认识各种工程地质灾害产生的机制，提出预防与治理措施，都有重要的意义。例如，土体开采沉陷过程中，超静孔隙水压力的产生与消散产生的固结变形就体现了作为三相组成的土体对开采沉陷的力学响应；再如，在治理溃砂或者突水时，采用的地下水疏降技术，实质上是为了减少地下水的压力，以便减少由于高水压造成的大的水力坡度，或者高水压对顶底板岩层及通道的破坏；煤矿瓦斯突出中，瓦斯含量和压力也是重要的致灾要素。

二、工程地质单元划分

（一）工程地质单元的概念

工程地质单元是组成岩体的物质基础，工程地质单元划分及其性质在工程地质问题分析评价及定量计算中具有重要作用。谷德振先生定义了工程地质岩组的概念，即工程地质岩组是具有一定的成因联系、一定的工程地质特征和从属于某一介质类型的岩石组合体。联合国教科文组织（UNESCO）和国际工程地质协会（IAEG）建议在工程地质编图中使用如下岩石分类：工程地质类型、岩石类型、岩石综合体、工程地质岩组。

工程地质类型的岩性和物理状态都是均匀的，其物理性质可以用各个单一样品的统计值来表征，是对岩石进行的最高级程度的鉴别。可以通过钻孔、坑探和槽探等手段加以判断。工程地质类型是工程地质评价中最常用的单元划分，尤其是对大比例尺的问题研究，对具体工程岩体的应力应变破坏分析和围岩稳定性评价时，大都采用工程地质类型为基础划分单元。

岩石类型可以包括性质不同的几个工程地质类型，其成分、结构和构造是均匀的，但物理状态通常是不均匀的，不能给出其物理力学性质指标的确切值，仅能给出其物理性质指标的变化范围和一般的工程地质性质。因此，在以岩石类型为基础划分单元时及计算参数的选取时，还应结合岩体结构情况和具体工程条件综合考虑并采取一定的统计方法，应用计算结果时也要考虑到这点，并对其精确程度给予合适的评价。

岩石综合体是由一组发育在特定的古地理和地质构造条件下由成因相关的岩石类型组成的。在岩石综合体内，岩石类型的空间分布是均匀的，而且能和其他综合体相区别。但是，岩石综合体无论在岩性特征上或物理状态上都不一定是均匀的，因此不可能确定岩石综合体的物理力学性质，仅能给出包含在岩石综合体内的单一岩石类型的数据，描述整个岩石综合体的一般属性。

工程地质岩组包括很多岩石综合体，它们通常是在相似的古地理和地质构造条件下形成的。岩组具有一定的共同的岩性特征和一般的均匀性而能和其他岩组区分，仅能给出岩组的很一般的工程地质性质。只有在进行较大区域的环境模拟和工程动力地质现象模拟时才以岩石综合体或岩组为基础划分单元，这时的计算结果也只有定性的意义，以反映规律为主，不强调具体数值的准确性。

（二）煤系岩石工程地质单元

矿区专门工程地质勘探工作主要从煤田详查阶段做起，因此煤矿工程地质研究和计算中经常采用的是工程地质类型和岩石类型这两种精度级别的单元。煤系中常见的岩石类型及工程地质类型简述如下：

1. 风化岩石类型

地表或松散层下分布着不同地质时代的基岩露头带或隐伏露头带，它们在漫长的地质历史中经受风化剥蚀作用，形成古剥蚀面地形和基岩风化带。风化带的深度受古今气候、岩性、地质构造和自然地理条件等影响各处不一，按风化程度可分为强风化带、中等风化带和弱风化带，从而划分出不同的工程地质类型。强风化带往往原岩结构受到破坏，岩石较松散破碎、风化裂隙发育，裂隙带为黏土质充填。风化带中黏土矿物较原岩中相对富集，使风化岩石的亲水性和膨胀性增强。岩石的抗压强度、抗拉强度、抗剪强度及弹性模量等均相应降低。煤矿工程实践表明，此种岩石类型中存在的主要工程地质问题是井筒穿越风化带时的井壁稳定性问题和水体下近风化带采煤时防水煤岩柱的留设问题等。

2. 黏土岩岩石类型

黏土岩岩石类型包括黏土岩、砂质黏土岩、炭质页岩、油页岩等岩石类型，可进一步划分为不同工程地质类型，当黏土矿物以蒙脱石为主时，膨胀量大，应划为特殊岩石类型进行专门研究。岩石的抗压强度、一般小于30MPa，属软质岩石，抗拉强度低，弹性模量较小，泊松比较大。此类岩石中的主要煤矿工程地质问题是软岩巷道失稳及煤层开采顶板垮落问题。

3. 砂岩岩石类型

常见的砂岩岩石有砂砾岩、各种粒度砂岩、泥质砂岩等岩石类型，每一岩石类型可以再划分为不同工程地质类型。岩石由石英、长石、云母、暗色矿物、岩屑等碎屑物质和硅质、铁质、钙质或黏土质胶结物组成。其颗粒的成分、粒度组成、胶结物的成分、含量和胶结类型等对岩石的物理力学性质影响较大。此类岩石一般属坚硬岩或中硬岩石，强度因成分和结构的不同而不同，例如细粒的硅质胶结的强度较粗粒的泥质胶结的岩石强度要高。岩石的弹性模量高，泊松比小。此类岩石在井筒、巷道中一般稳定性良好，当裂隙发育时，可成为良好的裂隙含水层，是井下涌水的重要来源。在开采沉陷中，易积聚较高的应力产生导水裂隙，不易闭合，使岩体的透水性有很大提高。完整结构的此类岩石构成的顶板，难以垮落，如山西大同矿区常遇到的石英砂岩和石英砾岩顶板，长期难以垮落，需人工注水进行弱化处理。

4. 黏土岩和砂岩类互层类型

严格地说，黏土岩和砂岩应划分为不同的工程地质类型，但是由于煤系中常存在两类岩石互层的形式，每层厚度均较小，不宜再细分，层间呈直接接触或过渡式接触，将其归并为一种类型，还可以再细分为黏土岩与砂岩互层类型、砂质黏土岩与砂岩互层类型、黏土岩与黏土质砂岩互层类型、砂页岩互层类型等。此种类型岩石中的砂岩层强度高，弹性模量大，易于积聚高的应力，产生开裂，黏土层可以调节砂岩层的变形，交界处容易发生层间错动和离层，其整体工程性质介于砂岩类型与黏土岩类型之间。

5.碳酸盐岩类型

碳酸盐以石灰岩、白云岩及其过渡类型为主。此类岩石的强度高，水稳性好。主要工程地质问题是岩溶水涌水和突水问题。

6.特殊性岩石类型

特殊性岩石指在工程建设中产生特殊工程地质问题的类型，如膨胀性岩石、断层岩岩石等。其在成分、结构、物理力学性质等方面都有着一定的特殊性，因此，必须划分为特殊性类型，进行专门研究。

7.煤

煤的工程地质性质差别很大，主要和其年代、变质程度及构造变动等有关。有的呈整体块状、有较高的强度；有的裂隙发育、破碎；有的强度低，容易风化和泥化。煤层的工程地质特性和物理力学性质指标是进行工程地质评价的重要依据。当在钻孔中采取困难时，可以在开拓或者回采过程中，采取煤样进行实验或者在井下进行原位测试。

图1-1为某矿煤系岩石及上覆松散层主要工程地质类型划分，图中煤层划分为10个工程地质类型（1、2、…、10），表1-1给出了煤系主要岩石的工程地质特性，松散层划分为上、中、下三组。

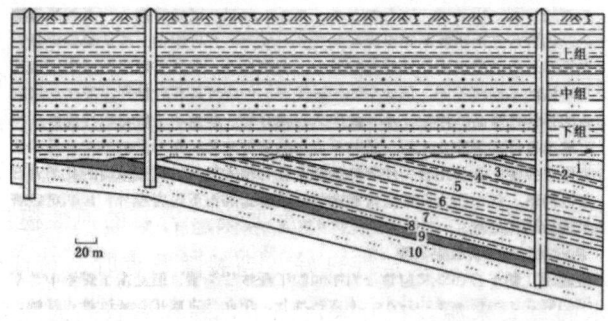

图1-1　某矿煤系岩石工程地质类型剖面图

表 1-1 某矿工程地质类型的主要特征和参数

序号	工程地质类型	厚度/m	重度/（kN·m⁻³）	变形模量/10³MPa	泊松比	黏聚力/MPa	内摩擦角/（°）	抗拉强度/MPa	抗压强度/MPa	RQD/%	结构面特征
1	风化细砂岩	7.6	20.67	0.085	0.32	0.6	21.0	0.69	0.97	81	波状层理，风化裂隙
2	风化泥岩	4.2	21.66	1.13	0.17	3.2	26.0	0.36	10.6	59	水平层理，裂隙发育
3	砂岩	17.3	23.13	6.80	0.18	9.5	36.5	0.99	24.3	81-90	水平与微波状层理
4	泥岩	1.9	22.56	7.80	0.25	12.5	26.0	1.25	39.1	24	裂隙发育，岩心破碎
5	泥质细砂岩	18.2	24.53	10.70	0.18	12.6	40.3	1.29	514	60-100	水平层理，少量裂隙
6	泥岩夹2号煤层	21.8	24.33	11.20	0.28	13.3	27.1	1.79	42.7	79-86	水平层理
7	细砂岩	10.4	23.25	30.60	0.11	23.3	42.3	6.30	109.3	70-88	水平层理，裂隙发育
8	粉砂质泥岩	4.8	24.82	15.00	0.24	16.3	27.8	1.81	53.8	78	高角度裂隙发育
9	3号煤层	9.0	17.66	28.10	0.20	1.0	30.0	0.20	31.0	20	裂隙发育，岩心破碎
10	细砂岩	10.3	23.40	34.20	0.13	26.6	36.4	4.47	105.6	85	水平层理，少量裂隙

（三）松散层工程地质单元

松散层一般厚度较大，岩性岩相变化也较大，往往由厚度不同、性质各异的众多的土层组成，在进行土体工程地质问题分析时，就需要归纳和概化。因此，在厚松散层工程地质研究和预测中，工程地质层组的划分是一项很重要的基础工作。厚松散层的划分可以先采用工程地质类型这种鉴别程度高的单元进行划分，在此基础上进行组合，划分工程地质层组。每一工程地质层组中，起主导作用的工程地质类型应该基本一致，或在比例上占有优势，应以其起主导作用的工程地质类型的性质定义。

（四）工程地质单元划分方法

1.工程地质单元划分所依据的因素

（1）地层形成的时代和层序。

（2）岩石的成因类型、岩性、岩相变化。

（3）岩石的物质组成及其组织结构。

（4）岩层的成层条件及厚度变化。

（5）岩层的原生结构面标志。

（6）岩石的物理力学性质。

当岩石露头不完全或钻孔控制不当时，还可以采用间接方法来划分工程地质类型，例如采用声波波速、地震波衰减、视电阻率等地球物理指标，因为它们间接地反映了岩石的岩性特征及物理力学性质。

2.工程地质单元划分方法步骤

（1）收集有关地质资料。包括本勘测区及邻区的有关区域地质资料、地质构造、地层柱状图、地质剖面图等资料，掌握工程的特点，了解含煤地层的时代、岩性岩相变化、成层条件、厚度变化等，初步确定岩石类型和工程地质类型。

（2）进行专门工程地质勘探工作。结合具体的工程特点，进行工作地质钻孔施工、编录和取样。

（3）野外室内工程地质测试与实验。确定岩石的物理力学和水理性质，进行物质成分、结构等分析。

（4）进行工程地质单元划分。按工程地质单元的均匀程度及工程精度要求由高级到低级的顺序逐级划分为工程地质类型、岩石类型、岩石综合体及工程地质岩组。分析各类型的工程地质单元可能存在的主要工程地质问题，编制工程地质综合柱状图。

（5）进行岩体结构研究。工程地质单元是岩体结构的物质基础，必须把它作为岩体结构的因素之一进行研究，使稳定性评价获得在空间和时间上的规律性。

三、岩体结构类型及其特征

岩体是指与工程建设有关的、经受过变形、遭受过破坏、由一定的岩石成分组成、具有一定的结构、赋存于一定地质环境中的地质体。岩体在自然界中经受过多次变形和破坏，要评价其在环境改变或工程条件下产生再变形与再破坏的规律，而地下工程施工过程基本上是一个卸载过程，因此，研究岩体结构对工程地质评价模型建立、判断工程地质作用机制、计算方案选择和恰当地评价和应用计算结果具有重要意义。

岩体经过建造过程和改造过程的综合作用形成了两种基本单元，即结构面和结构体。结构面是指岩体内开裂的和易开裂的地质界面，被结构面切割成的岩块称为结构体。结构面和结构体均是具有一定的地质实体特征的概念术语，它们与几何学上的面和体不完全相同。结构面常充填有一定的物质、具有一定的厚度。结构面和结构体按力学性能可分为若干类型，不同类型的岩体结构单元在岩体内组合、排列的形式即为岩体结构。岩体结构单元可分为两类4种，即：

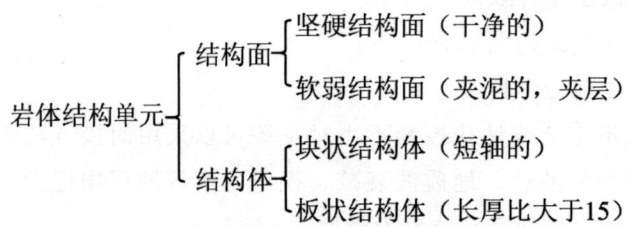

岩体结构单元 ┬ 结构面 ┬ 坚硬结构面（干净的）
　　　　　　　│　　　　└ 软弱结构面（夹泥的，夹层）
　　　　　　　└ 结构体 ┬ 块状结构体（短轴的）
　　　　　　　　　　　　└ 板状结构体（长厚比大于15）

（一）结 构 面

岩体与一般材料的重大差别在于它是结构面纵横切割、具有一定结构的多裂隙体。岩体内的结构面及其控制下形成的岩体结构控制着岩体的变形、破坏机制及力学法则。

1.结构面的成因类型

结构面的成因类型和不同结构面的工程地质特征见表1-2。

表1-2　岩体结构面的成因类型及其特征

成因类型		地质类型	主要特征			工程地质评价
			产状	分布	性质	
原生结构面	沉积结构面	1.层理层面；2.软弱夹层；3.不整合面、假整合面；4.沉积间断面	一般与岩层产状一致，为层间结构面	海相岩层中，此类结构面分布稳定；陆相岩层中呈交错状，容易尖灭	层面、软弱夹层等结构面较为平整；不整合面及沉积间断面多由碎屑泥质物构成，且不平整	国内外较大的坝基滑动及滑坡，很多是由此类结构面所造成的
	岩浆结构面	1.侵入体与围岩接触面；2.岩脉、岩墙的接触面；3.原生冷凝节理	岩脉受构造结构面控制，而原生节理受到岩体接触面控制	接触面延伸较远，比较稳定，而原生节理往往短小密集	与围岩接触面可具有融合及破坏两种不同的特征，原生节理一般为张裂面，较粗糙不平	一般不造成大规模的岩体破坏，但有时与构造断裂配合也可形成岩体的滑移，如有的坝肩局部滑移
	变质结构面	1.片理；2.片岩软弱夹层	产状与岩层构造方向一致	片理短小，分布极密，片岩软弱夹层延展较远，具固定层次	结构面光滑平直，片理在岩层深部往往闭合成隐蔽结构面，片岩软弱夹层矿物呈鳞片状	在变质较浅的沉积岩中，如千枚岩等路堑边坡常见塌方，片岩夹层有时对工程及地下滑体稳定也有影响

成因类型	地质类型	主要特征			工程地质评价
		产状	分布	性质	
构造结构面	1.节理（X形节理、张节理）； 2.断层（冲断层、纵断层、横断层）； 3.层间错动； 4.羽状裂隙劈理	产状与构造线呈一定关系，层间错动与岩层一致	张性断裂较短小，剪切断裂延展较远，压性断裂规模巨大，但有时被横断层切割成不连续状	张性断裂不平整，常具次生充填，呈锯齿状，剪切断裂较平直，具羽状裂隙，压性断层具多种构造岩，呈带状分布，往往含断层泥、糜棱岩	对岩体稳定影响很大，在上述很多岩体破坏过程中，大都有构造结构面的配合作用，此外，常造成边坡及地下工程的塌方、冒顶
次生结构面	1.卸荷裂隙； 2.风化裂隙； 3.风化夹层； 4.泥化夹层； 5.次生夹泥层	受地形及原生结构面控制	分布往往呈不连续状、透镜体，延展性差，且主要在地表风化带内发育	一般为泥质充填物、水理性质很差	天然及人工边坡容易造成危害，有时对坝基、坝肩及浅埋隧洞等工程亦有影响，一般在施工中应予清基处理

2.结构面的规格和等级

按照结构面的延展长度及工程地质特性可以分为五级，见表1-3。

表1-3 结构面分级及其特征

级序	分级依据	力学效应	力学属性	地质构造特征
I级	结构面延展长，几千米至几十千米以上，贯通岩体，破碎带宽度达数米到数十米	1.形成岩体力学作用边界； 2.岩体变形和破坏的控制条件； 3.构成独立的力学介质单元	1.属于软弱结构面； 2.结构独立的力学模型——软弱夹层	较大的断层
II级	延展规模与研究的岩体相若，破碎带宽度比较窄，几厘米至数米	1.形成块裂体边界； 2.控制岩体变形和破坏方式； 3.构成次级地应力场边界	属于软弱结构面	小断层； 层间错动面

级序	分级依据	力学效应	力学属性	地质构造特征
Ⅲ级	延展长度短，从十几米至几十米，无破碎带，面内不夹泥，有的具有泥膜	1.参与块裂岩体切割； 2.划分Ⅱ级岩体结构类型的基本依据； 3.构成次级地应力场边界	多数属坚硬结构面，少数属于软弱结构面	不夹泥； 大节理或小断层； 开裂的层面
Ⅳ级	延展短，未错动、不夹泥，有的呈弱结合状态	1.划分岩体Ⅱ级结构类型的基本依据； 2.是岩体力学性质、结构效应的基础； 3.有的为次级地应力场边界	坚硬结构面	节理； 劈理； 层面； 次生裂隙
Ⅴ级	结构面小，且连续性差	1.岩体内形成应力集中； 2.岩块力学性质结构效应基础	坚硬结构面	不连续的小节理； 隐节理； 层面； 片理面

3.结构面的特征及其对岩体性质的影响

（1）结构面产状

①要素：走向、倾向、倾角。

②结构面与主应力之间的关系：控制岩体的破坏机理与强度，结构面与主应力方向夹角不同，产生破裂的性质和方向不同。

（2）连续性

结构面的连续性反映结构面的贯通程度，常用线连续性系数、迹长和面连续性系数等表示。结构面的连续性对岩体的变形破坏机理、强度及渗透性都有很大的影响。

（3）密度

密度反映结构面发育的密集程度。

①裂隙度K：沿取样线方向单位长度上的结构面数量。设取样线长度为L，单位m，该长度内出现的结构面数量n，沿取样线方向结构面平均间距为d'，则

$$K = \frac{n}{L} \quad d' = \frac{1}{K} = \frac{L}{n} \tag{1-1}$$

②线密度K_d：若取样线垂直结构面，则裂隙度被称为线密度。间距d为同一组结构面法线方向上结构面平均距离。

$$K_d = \frac{1}{d} \tag{1-2}$$

为了统一描述结构面密度的术语，ISRM规定了分级标准，见表1-4。

表 1-4 结构面间距分级

描述	间距/mm	描述	间距/mm
极密集的	<20	宽的	600～2000
很密集的	20～60	很宽的	2000～6000
密集的	60～200	极宽的	>6000
中等密集的	200～600		

（4）张开度与充填胶结特征

①结构面的张开度。结构面的张开度 e 是指结构面两壁面间的垂直距离（mm）。一般认为：e<1mm 为密合的；e=1～5mm 为中等张开的；e>5mm 为张开的。具体分级见表 1-5。

表 1-5 结构面按张开度分级

描述	结构面张开度/mm	张开情况
很紧密	<0.1	闭合结构面
紧密	0.1～0.25	
部分张开	0.25～0.5	裂开结构面
张开	0.5～2.5	
中等宽的	2.5～10	
宽的	>10	
很宽的	10～100	张开结构面
极宽的	100～1000	
似洞穴的	>1000	

②结构面的胶结充填物。胶结充填物成分对结构面力学性质有重要影响，例如，铁质、硅质胶结强度高，钙质胶结强度较低，泥质胶结强度最差。胶结充填物厚度对结构面力学性质的影响也较大，例如薄膜充填时，厚度小于1mm，强度明显降低；断续充填时，厚度小于起伏，强度与充填物和结构面有关；连续充填，当厚度稍大于起伏时，强度取决于充填物的强度；厚层充填时，厚度远大于起伏时，强度取决于充填物、易产生滑移。

（5）形态

结构面的形态可以从侧壁的起伏形态及其粗糙度两方面进行描述。

①结构面侧壁的起伏形态可分为平直的、波状的、锯齿状的、台阶状的和不规则状的几种。侧壁的起伏程度可用起伏角 i 表示：

$$i = \tan^{-1} \frac{2\delta}{L} \tag{1-3}$$

式中：δ——平均起伏差，m；

L——平均基线长度，m。

②结构面的粗糙度可用粗糙度系数 JRC 表示。随粗糙度增大，结构面的摩擦角也增大。

4. 软弱结构面

岩体中具有一定厚度的软弱带（层），具有高压缩性和低强度等特征，在产状上多属缓倾角结构面，控制着岩体的变形破坏机理和稳定性，包括原生软弱夹层、构造及挤压破碎带、泥化夹层及其他夹泥层等。其中，最常见的危害较大的软弱结构面是泥化夹层。泥化夹层是含泥质的软弱夹层，多分布在上下相对坚硬而中间相对软弱、刚柔相间的岩层组合条件下。在构造运动作用下，产生层间错动、岩层破碎及结构改变，并为地下水渗流提供了通道。

（二）结 构 体

1. 含义

结构体是岩体中被结构面切割围限的岩石块体。注意岩块和结构体应是两个不同的概念。因为不同级别的结构面所切割围限的岩石块体（结构体）的规模是不同的。

2. 结构体级序

Ⅰ级结构体是由于断层和层间错动带切割成的结构体，Ⅱ级结构体是由各种节理、层理面、劈理面切割成的小型结构体。

3. 结构体的规模

结构体的规模取决于结构面的密度，密度越小，结构体的规模越大，常用单位体积内的结构体数，即块度模数来表示，也可用结构体的体积表示。

结构体块度与结构面密度及组数密切相关，结构面密度越小，结构体块度越大，也可以说，在轻微构造作用区节理密度小形成的结构体块度大，在剧烈构造运动地区，结构面密度小，结构体块度小。结构体块度可以用 $1m^3$ 内含有的结构体数表示，亦可用单个结构体尺寸表示，这对研究岩体结构的力学效应十分有用。

4. 结构体的形态

结构体的形态取决于区域构造运动强度。结构体的形状多种多样，主要有三大基本类型：板状、柱状、楔锥状。常见的形状有锥形、楔形、柱状或菱形状、板状等。

5. 结构体的产状

结构体的产状可以用结构体的长轴方向的产状表示。图 1-2a～图 1-2c 所示的柱状结构体的产状可用矢量1表示，图 1-2d、图 1-2e 所示的板状结构体的产状可用矢量 m 表示，楔锥状形结构体如图 1-2f、图 1-2g、图 1-2h 和图 1-2j 产状可用矢量 P 表示，而竖立板状结构体如图 1-2i 所示的产状可用矢量 r 表示。结构体产状不同对工程岩体稳定性的影响很大，需结合临空面及工程作用力方向来进行分析。例如：平卧的板状结构体容易产生滑动；竖直的板状结构易产生折断或倾倒破坏；在地下硐室中，楔形结构体的尖端指向临空方向时，稳定性会好于其他指向。

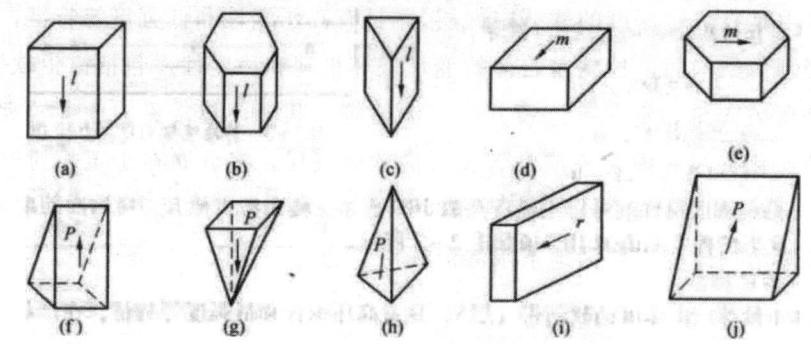

（a）、（b）、（c）：柱状结构体；（d）、（e）、（i）：短柱状或板状结构体；
（f）、（g）、（h），（j）：楔锥形结构体

图 1-2　结构体的类型

（三）岩体结构类型及工程意义

按岩体中结构面和结构体的成因、特征及其排列组合关系，将岩体结构划分为 5 类：整体状结构、块状结构、层状结构、碎裂状结构、散体状结构。各结构岩体的工程地质性质与变形破坏机理的根本区别在于结构面的性质及发育程度，见表 1-6。

表 1-6　岩体按结构类型划分

岩体结构类型	岩体地质类型	结构体形状	结构面发育情况	岩土工程特征	可能发生的岩土工程问题
整体状结构	巨块状岩浆岩和变质岩、巨厚层沉积岩	巨块状	以层面和原生、构造节理为主，多呈闭合型，间距大于 1.5m，一般为 1～2 组，无危险结构	岩体稳定，可视为均质弹性各向同性体	局部滑动或坍塌，深埋硐室的岩爆
块状结构	厚层状沉积岩、块状岩浆岩和变质岩	块状柱状	有少量贯穿性节理裂隙，结构面间距 0.7～1.5m，一般为 2～3 组，有少量分离体	结构面互相牵制，岩体基本稳定，接近弹性各向同性体	

岩体结构类型	岩体地质类型	结构体形状	结构面发育情况	岩土工程特征	可能发生的岩土工程问题
层状结构	多韵律薄层、中厚层状沉积岩，副变质山岩	层状板状	有层理、片理、节理，常有层间错动	变形和强度受层面控制，可视为各向异性弹性体，稳定性较差	可沿结构面滑塌，软岩可产生塑性变形
碎裂状结构	构造影响严重的破碎岩层	碎块状	断层、节理、片理、层理发育，结构面间距0.2～0.5m，一般3组以上，有许多分离体	整体强度很低，并受软弱结构面控制，呈弹塑性体，稳定性很差	易发生规模较大的岩体失稳，地下水加剧失稳
散体状结构	断层破碎带，强风化及全风化带	碎屑状	构造和风化裂隙密集，结构面错综复杂，多充填黏性土，形成无序小块和碎屑	完整性遭到极大破坏，稳定性极差，接近松散体介质	易发生规模较大的岩体失稳，地下水加剧失稳

四、风化岩体

风化岩体的工程地质特征发生显著变化。由于风化作用破坏了矿物颗粒间的联结，扩大了岩体的原有裂隙，降低了结构面的粗糙程度和产生新的风化裂隙。岩石在化学风化过程中，矿物成分发生变化，原生矿物经受水解、水化、氧化等作用后，逐渐变为次生矿物。风化岩体的分类和特性见表1-7。

表1-7 岩石按风化程度分类

风化程度	野外特征	风化指标 波速比 K_v	风化系数 K_f
未风化	岩质新鲜，偶见风化痕迹	0.9～1.0	0.9～1.0
微风化	结构基本未变，仅节理面有渲染或略有变色，有少量风化裂隙	0.8～0.9	0.8～0.9
中等风化	结构部分破坏，沿节理面有次生矿物，风化裂隙发育，岩体被切割成岩块。用镐难挖，岩心钻方可钻进	0.6～0.8	0.4～0.8

风化程度	野外特征	风化	指标
		波速比 K_v	风化系数 K_f
强风化	结构大部分破坏，矿物成分呈显著变化，风化裂隙很发育，岩体破碎，用镐可挖，干钻不容易钻进	0.4～0.6	<0.4
全风化	结构基本破坏，但尚可辨认，有残余结构强度，可用镐挖，干钻可钻进	0.2～0.4	—
残积土	组织结构全部破坏，已风化成土状，镐易挖掘，干钻易钻进，具可塑性	<0.2	—

注：1.波速比 K_v 为风化岩石与新鲜岩石压缩速度之比。

2.风化系数 K_f 为风化岩石与新鲜岩石饱和单轴抗压强度之比。

3.岩石风化程度，除按表列野外特征和定量指标划分外，也可根据当地经验划分。

4.花岗岩类岩石，可采用标准贯入试验划分，N≥50 为强风化，50>N≥30 为全风化；N<30 为残积土。

5.泥岩和半成岩，可不进行风化程度划分。

五、岩体工程地质分类

（一）普氏岩石分类

岩体工程分类的方法很多，20世纪50年代，我国引进了按岩石坚固性进行分类的方法，即普氏分类法。岩石坚固性系数用 f 表示，其值可用岩石的单向抗压强度（单位为MPa）除以10（MPa）求得，即

$$f = \frac{R_c}{10} \tag{1-4}$$

根据 f 值的大小，可将岩石分为10级共15种（表1-8）。

表 1-8　岩石按坚固性分类表

级别	坚固性程度	岩石	坚固性系数 f
Ⅰ	最坚固岩石	最坚固、最致密的石英岩和玄武岩，其他最坚固的岩石	20
Ⅱ	很坚固岩石	很坚固的花岗岩类：石英斑岩，很坚固的花岗岩，硅质片岩，坚固程度较Ⅰ级岩石稍差的石英岩，最坚固的砂岩和石灰岩	15
Ⅲ	坚固的岩石	致密的花岗岩和花岗类岩石，很坚固的砂岩和石灰岩，石英质矿脉，坚固的砾岩，很坚固的铁矿石	10

级别	坚固性程度	岩石	坚固性系数 f
III$_a$	坚固的岩石	坚固的石灰岩，不坚固的花岗岩，坚固的砂岩，坚固的大理岩，白云岩，黄铁矿	8
IV	相当坚固的岩石	一般的砂岩，铁矿石	6
IV$_a$	相当坚固的岩石	砂质页岩，泥质砂岩	5
V	坚固性中等的岩石	坚固的页岩，不坚固的砂岩及石灰岩，软的砾岩	4
V$_a$	坚固性中等的岩石	各种不坚固的页岩，致密的泥灰岩	3
VI	相当软的岩石	软的页岩，很软的石灰岩，白垩，岩盐，石膏，冻土，无烟煤，普通泥灰岩，破碎的砂岩，胶结的卵石和粗砂砾，多石块的土	2
VI$_a$	相当软的岩石	碎石土，破碎的页岩，结块的卵石和碎石，坚硬的烟煤，硬化的黏土	1.5
VII	软岩	致密的黏土，软的烟煤，坚固的表层土	1.0
VII$_a$	软岩	微砂质黏土，黄土，细砾石	0.8
VIII	土质岩石	腐殖土，泥煤，微砂质黏土，湿砂	0.6
IX	松散岩石	砂，细砾，松土，采下的煤	0.5
X	流砂岩石	流砂，沼泽土壤，饱含水的黄土及饱含水的土壤	0.3

该分类方法简明，便于使用，因而在许多国家获得广泛应用。但是岩石的稳定性不仅取决于岩石强度，还与岩石的应力、岩体结构有关，这种分类有局限性。

（二）煤炭行业的围岩分类

表1-9是煤炭行业根据巷道支护设计和施工需要，按照煤矿岩性特点和构造情况，制定的岩石分类表。该表在煤炭行业应用广泛，但是随着煤炭开采向深部发展，该表使用也出现了困难。

表1-9　煤炭行业岩石分类表

围岩分类		岩层描述	巷道开掘后围岩的稳定状态（3~5m跨度）	岩种举例
类别	名称			
I	稳定岩层	1. 完整坚硬岩层，R$_b$>60MPa，不易风化； 2. 层状岩层层间胶结好，无软弱夹层	围岩稳定，长期不支护无碎块掉落现象	完整的玄武岩，石英质砂岩，奥陶纪灰岩，茅口灰岩，大冶厚层灰岩

续表

围岩分类		岩层描述	巷道开掘后围岩的稳定状态（3～5m跨度）	岩种举例
类别	名称			
II	稳定性较好岩层	1.完整比较坚硬岩层，R_b=40～60MPa； 2.层状岩层，胶结较好； 3.坚硬块状岩层，裂隙面闭合，无泥质充填物，R_b>60MPa	能维持一个月以上稳定，会产生局部岩体掉落	胶结好的砂岩，砾岩，大冶薄层灰岩
III	中等稳定岩层	1.完整的中硬岩层，R_b=20～40MPa； 2.层状岩层以坚硬岩层为主，夹有少数软岩层； 3.比较坚硬的块状岩层，R_b=40～60MPa	围岩的稳定时间仅有几天	砂岩，砂质页岩，粉砂岩，石灰岩，硬质凝灰岩
IV	稳定性较差岩层	1.较软的完整岩层，R_b<20MPa； 2.中硬的层状岩； 3.中硬的块状岩层，R_b=20～40MPa	围岩很容易产生冒顶片帮	页岩，泥岩，胶结不好的砂岩，硬煤
V	不稳定岩层	1.易风化潮解剥落的松软岩层； 2.各种类破碎岩层		炭质页岩，花斑泥岩，软质凝灰岩，煤，破碎的各类岩石

注：1.岩层描述将岩层分为完整的、层状的、块状的、破碎的四种：（1）完整岩层，层理和节理裂隙的间距大于1.5m；（2）层状岩层，层与层间距小于1.5m；（3）块状岩层，节理裂隙间距小于1.5m、大于0.3m；（4）破碎岩层，节理裂隙间距小于0.3m。

2.当地下水影响围岩的稳定性时，就考虑适当降级。

3.R_b为岩石的饱和抗压强度。

（三）RQD岩石分类

RQD即岩石质量指标，由美国伊利诺伊大学狄勒在1964年形成该标准，但直到1967年才以出版的形式首次提出该概念。RQD是一修正的岩心取出率，仅考虑长度大于10cm的完整岩心，钻孔直径为5.4cm，其分类见表1-10。

表1-10　RQD分类

分类	优质的	良好的	好的	差的	很差
RQD/%	90～100	75～90	50～75	25～50	0～25

（四）RMR分类

比尼卫斯基于1976年提出RMR分类方法，其分类系统由岩块强度、RQD值、节理间距、节理条件及地下水5类参数组成。根据表1-11可查得岩体的类别及相应的不支护地下开挖的自稳时间和岩体强度指标值。

表1-11　RMR分类

评分值	100～81	80～61	60～41	40～21	<20
分级	I	II	III	IV	V
质量描述	非常好的岩体	好岩体	一般岩体	差岩体	非常差岩体
平均稳定时间	15m跨度20年	10m跨度1年	5m跨度一周	2.5m跨度10h	1m跨度30min
岩体黏聚力/kPa	>400	300～400	200～300	100～200	<100
岩体内摩擦角/(°)	>45	35～45	25～35	15～25	<15

（五）Q值分类

挪威土工研究所的巴顿等人在1974年提出了一种岩体分类方法，见表1-12。这种分类方法综合了RQD、节理组数、节理面粗糙度、节理面蚀变程度、裂隙水及地应力的影响6个方面的因素。

表2-12　按Q值对岩体分类

Q值	<0.01	0.01～0.1	0.1～1.0	1.0～4.0	4.0～10	10～40	40～100	100～400	>400
岩体分类	异常差的	极差的	很差的	差的	一般的	好的	很好的	极好的	异常好的

第二节　岩土体赋存的地质环境要素

岩土体的工程性质不仅取决于岩土体物质组成与结构，而且和其赋存的地质环境密切相关。岩土体赋存的地质环境构成了岩土体特性的重要组成部分，而且，对岩土体的工程行为起着举足轻重的作用。在众多的地质环境要素中，地应力、地温、地下水等是非常重要的因素，本节将重点介绍这些因素。

一、地应力

（一）基本概念

地应力是指地壳岩土体在天然状态下所具有的内应力，是岩土体赋存的地质环境条件，也可以看成是岩土体力学特性的组成成分。地应力资料是分析工程地质问题的重要依据之一。地壳上的构造现象和地震的发生都是由于地应力作用的结果。因此，测定和分析地壳的地应力场，对于研究板块构造的动力来源、地震预报以及地球动力学的研究具有重要意义。

（二）地应力的分类、分布变化规律

1.地应力的分类

1971年加拿大第七届岩石力学讨论会上对地应力的分类是应用广泛的分类之一，划分如下：

$$
\text{岩体应力} \begin{cases} \text{天然应力或初始应力} \begin{cases} \text{自重应力} \\ \text{构造应力} \begin{cases} \text{活动的构造应力} \\ \text{剩余的构造应力} \end{cases} \end{cases} \\ \text{变异及残余应力} \\ \text{感生应力（次生应力）} \end{cases}
$$

（1）天然应力或初始应力

地壳岩体内的天然应力状态是指未经人为扰动的，主要是在重力场和构造应力场的综合作用下，有时也在岩体的物理、化学变化及岩浆侵入等的作用下所形成的应力状态，常称为天然应力或初始应力。

①自重应力。在重力场作用下生成的应力为自重应力。地表近水平时，重力场在岩体内的某一任意点形成相当于上覆岩层重量的垂直正应力 σ_v：

$$\sigma_v = \gamma h \tag{1-5}$$

式中：γ——岩石的重度，kN/m^3；

　　h——该点的埋深，m；

　　σ_v——自重应力的垂直分量，kPa。

另外，由于泊松效应（侧向膨胀）造成水平正应力 σ_h 相当于三向应力中的最小应力：

$$\sigma_h = \frac{\mu}{1-\mu}\sigma_v = N_0\sigma_v \tag{1-6}$$

式中：μ——泊松比；

　　N_0——侧压力系数。

对大多数坚硬岩体：μ 为 $0.2\sim0.3$，即 N_0 为 $0.25\sim0.43$。对于半坚硬岩体：N_0 大于 0.43，且当上覆荷载大，下伏岩体呈塑性流动时，μ 接近 0.5，N_0 近于 1，也就是说该点近于静水应力状态。

②构造应力。地壳运动在岩体内形成的应力称为构造应力，可分为活动的构造应力和剩余的构造应力两类。活动的构造应力，即狭义的地应力，是地壳内正在积累的能够导致岩石变形和破裂的应力，与区域稳定与岩体稳定密切相关；剩余的构造应力是古构造运动残留的应力。

（2）变异及残余应力

变异应力是岩体的物理、化学变化及岩浆的侵入等引起的应力。具体来说是岩体的物理状态、化学性质或赋存条件的变化引起的，通常只具有局部意义，可统称为变异应力。残余应力是承载岩体遭受卸荷或部分卸荷时，岩体中某些组分的膨胀回弹趋势部分地受到其他组分的约束，于是就在岩体结构内形成残余的拉、压应力自相平衡的应力系统，此即残余应力。

（3）次生应力

人类从事工程活动，在岩体天然应力场内，因挖除部分岩体或增加结构物而引起的应力，称为次生应力。例如，地下硐室开挖引起的围岩应力、卸荷应力等都属于次生应力的范畴。

2.地应力的分布变化规律

我国各地最大主应力的发育呈明显的规律性，构造应力体现出普遍性和方向性的特点。各地的 σ_1 方向均与由各该点向我国的察隅和巴基斯坦的伊斯兰堡连线所构成的夹角等分线方向相吻合或相近似，仅在两侧边缘地带略有偏转，即东侧向顺时针偏转，西侧向逆时针偏转。三向应力状态及其所决定的现代构造活动类型呈有规律的空间分布。潜在逆断型应力状态区主要分布于喜马拉雅山前缘一带，其主要特点是两个水平主应力均大于垂直主应力，属于强烈水平挤压区。潜在走滑型应力状态区主要分布于我国中西部广大地区，其主要特点是只有一个水平主应力大于垂直主应力，具中等挤压区的特征。潜在正断型和张剪型走滑应力状态区主要分布于我国的东部和东北部。

地应力的分布还受到地形地貌、岩体结构及构造部位的影响。在分析矿区地应力场时还要注意区域性和局部性、时间性和复杂性、继承性和新生性。

（三）地应力场的研究方法

1.地质分析方法

（1）高地应力区的地形地质特征分析

该方法可以根据地质构造特征推断地应力场的特点，例如大的走滑断层、褶皱、裂谷的特征；节理、裂纹的方向；地幔俘虏体的显微结构、橄榄石的位错密度。可以获得岩石圈和地幔内的剪应力。一般认为，水平应力约3倍于$100\sim 200m$覆岩自重应力以上时，即可视为高地应力区。

可以根据钻孔崩落观测方法推断主应力方向，依据钻孔崩落椭圆的长轴方向与最小水平应力方向一致。方法有地层倾角和四壁井径测井仪以及钻孔电视。

（2）断层错动机制的赤平投影分析

分析地震发射的地震波，利用P波初动符号的四象限分布，解出地震震源的两个节面解和三个主应力轴方向与小震综合断层面解以及分析P波初动符号矛盾比的变化所反映的应力变化。

断层错动机制可以借助于赤平投影法来分析，根据断层及其附近裂隙的共生组合关系，揭示断层活动史和该区构造应力场的演变史。

2.现场测量方法

地应力测量方法分为直接测量法和间接测量法。在煤矿区现场测量地应力常用方法有应力解除法和水压致裂法，前者属于间接测量方法，后者属于直接测量方法。

（1）应力解除法

该方法是对岩样从原地自然环境转移到不受力状态所经受的应变差进行测量，了解样品的应力-应变特征，计算原岩应力大小和方向。这种方法以其精度高、测值稳定可靠等优点，被广泛应用于矿产开采、岩土工程地震研究等方面；空心包体应力计的结构、实物及刻取出的包含应力计的岩心。

煤矿地应力测试测点应尽量布置在原岩应力区，因此应遵守下列原则：

①完整或尽量完整的岩体内，一般要远离断层，避开岩石破碎带、断裂发育带。

②远离或尽量远离较大开挖体，如大的采空区或硐室。

③避开巷道和采场的弯、拐、叉、顶部等应力集中区，保证应力测点必须位于原岩应力区，即原岩应力状态未受工程扰动的地区。

④为了研究地应力状态随深度变化的规律，测点应尽量布置在多个水平面上。

⑤为了研究地应力状态对特定巷道布置的影响，测点应尽量靠近这些区域。

⑥应选择断面大小适合、水电供应方便的巷道作为测点。另外，巷道位置的选择不应影响其他工作的正常进行。

（2）水压致裂法

该方法是在地面或者井下钻孔中进行测量，利用充气机在已知深度间隔内隔离出一段钻孔剖面，然后利用高压水泵对这段剖面加压注水，直到发生张性破裂为止，记录其破坏压力和破裂线方向。是目前测量远离自由表面应力的唯一方法。

①当孔壁出现垂直开裂时，可利用最大拉应力判据，分析两个水平地应力分量；当出现水平开裂时，表明最小水平地应力是水平的，中间主应力无法求得，最大主应力可根据厚壁圆筒理论及最大拉应力判据求得。

②当开裂延展到岩体内部时，可利用格雷菲斯破裂判据分析最小主应力。

3.声发射法

材料在受到外载荷作用时，其内部贮存应变能快速释放产生弹性波，发出声响，称为声发射。1950年，德国人凯赛发现多晶金属的应力从其历史最高水平释放后，再重新加载，当应力未达到先前最大应力值时，很少有声发射产生，而当应力达到和超过历史最高水平后，则大量产生声发射，这一现象称为凯赛效应。从很少产生声发射到大量产生声发射的转折点称为凯赛点，该点对应的应力即为材料先前受到的最大应力。后来，许多人通过试验证明，许多岩石如花岗岩、大理岩、石英20岩、安山岩、辉长岩、闪长岩、片麻岩、辉绿岩、石灰岩、砾岩等也具有显著的凯赛效应。

声发射法（简称AE法）是以岩石试件的声发射凯赛效应对岩石已受过的最大应力的记忆为基础，用钻孔岩心制成试件，由实验测定原地应力的方法。其特点是不需在野外作业，不破坏钻孔结构，仅需钻孔岩心就可进行地应力测量。水电、核废料处理等工程中的深部应力测量。可广泛应用于矿山、油气田开采、地热能开发、量。

4.其他方法

分析和确定地应力还有其他一些方法。例如，可以通过简单的理论估算，即根据重力作用、海姆准则、泊松效应、温度影响等进行估算。也可以采用构造解析方法，即从野外一组含有断层滑动擦痕的断层的观测数据反演这些断层的应力场。可以求出3个主应力的方向及应力比值。

另外，还可以采用基于工程地质模型建立的各种计算模型，采用数值方法，配合实测数据，模拟地应力场的分布等。

二、地温

岩体热学特性对工程影响很大，温度的变化又会造成围岩应力的变化，甚至化学上的变化。低温条件下的岩体力学问题、冻结施工不良地质条件下的岩土工程地质问题，都需要认识岩土的热学性质和地温变化规律。另外贮能地下工程，如液化天然气的地下贮存、核工业废料的地下处置，地下热能的开发与利用等也与岩石的热学性质密切相关。

（一）岩石的热学特性

岩土体中的热交换方式有 3 种，即传导传热、辐射传热和对流传热。传导传热控制着整个地壳岩石的热状态；地球表面的温度取决于太阳和地球之间的热辐射；对流传热主要在液体和气体渗流的地带内进行。

岩石热学特性可用比热、热导率、热扩散率等参数表达。

比热是 1g 物质温度升高 1℃ 所需要的热量。质量为 m 的某一物体，温度由 T_1 升至 T_2 所需的热量 Q 为

$$Q = cm(T_1 - T_2) \tag{1-7}$$

$$c = \frac{1}{m}\frac{\partial Q}{\partial T} \tag{1-8}$$

式中：c——比热，J/（g·℃）；干燥岩石的比热一般为（0.2±0.02）J/（g·℃）。

热导率：根据热力学第二定律，一个密闭系统内部的温度差将随着时间的推移而均一化。温度均一化过程和热从高温点向低温点流动相伴随。任何两点间的热流动速度则随温差的加大而增大。

$\frac{\mathrm{d}T}{\mathrm{d}x}$ 叫做 x 点的温度梯度（℃/cm），则在时间 dt 之内，流过垂直于 x 轴且面积为 F 的平面上的热流量 Q 为

$$Q = -kF\frac{\mathrm{d}T}{\mathrm{d}x}\mathrm{d}t \tag{1-9}$$

式中 k——热导率，J/（cm·s·℃）。

$$q = -k\,\mathrm{grad}T \tag{1-10}$$

$$q = \frac{Q}{F\mathrm{d}t} \tag{1-11}$$

q 为热流量，即在单位时间内流过单位面积的热量，gradT 代表温度梯度，是一个向量。

岩石的平均热导率为 $6×10^{-3}$cal/（cm·s·℃）。

热扩散率 λ：温度变化对固体的影响程度取决于物质的热扩散率，单位 cm^2/s。热扩散率好的岩石对温度的变化反应快，接受影响的深度也比较大。

$$\lambda = \frac{k}{\rho c} \tag{1-12}$$

（二）温度对岩石特性的影响

温度对岩石的作用主要表现为两个方面：一方面是在它的物理化学作用——风化和岩石力学性质的蜕化作用上，另一方面是在温度变化引起热应力变化。风化或蜕化主要与水在一起，通过水热作用进行反应。而温度变化形成热应力产生的物理作用有时也需要水一起作用，它也可以不需要其他因素参与，而单独进行

作用。热应力物理作用通过热胀冷缩使岩石破碎，其加荷-卸荷产生的力学效应也改变着岩体力学状态。一般来说，温度变化1℃岩体内可产生0.4～0.5MPa的地应力变化。就地表温度来说，年温度变化可引起20～30MPa的地应力变化。

（三）地温变化规律

地表及浅层的受太阳辐射的温度变化称为变温带；变温带下面为恒温带，恒温带内地温不受太阳辐射影响，而是取决于岩性和地质构造作用。

地温变化指标有地温梯度G和地温梯级b。地温梯度是指恒温带内地层温度随深度增加的增长率，一般为1～3℃/100n。其倒数为地温梯级，又称地势增温级，即为地温相差1℃时，两个等温面之间的距离。

$$b = \frac{1}{G} \tag{1-13}$$

热流密度：地温梯度和热导率的乘积为热流密度（热流量）。

$$q = kG \tag{1-14}$$

三、地下水

工程过程和自然过程（表1-13）对地质体的作用有类似特点，无外乎加载、卸载和流体（液体和气体）压力的变化。许多的工程过程和自然过程包括流体压力的变化。因此认识地下流体（地下水和气）在工程过程或者自然过程中的作用，对于研究任何工程过程对地质环境的影响后果是必需的。煤矿工程地质作用中，地下水起着非常重要的作用，有关内容在水文地质学中已经学习。在此，仅强调一下在煤矿工程地质工作中常用的几个基本概念和水文地质结构及其人为改变。

（一）几个基本概念

1.地下水位与水压

地下水的水位是指地层中地下水面达到静止时的位置，可以用标高或者埋深表示。潜水的初见水位和稳定水位是一致的；承压水的稳定水位高于初见水位。

地下水的水压力简称水压，是指地下水在静止或者流动时对某一位置断面或者地下水和地层的某一接触面处产生的孔隙水压力或者法向压力。

2.含水层

能够透过水并且能够产生一定的（或者显著的）矿井涌水量的地层称为含水层。潜水含水层和承压含水层是常见的含水层。

3.隔水层

隔水层是指不能透过水也不能给出水的地层。隔水层的厚度、完整性、分布稳定性、隔水能力等，对水体下开采、承压水上开采安全具有重要影响。隔水层在一定的采掘活动影响下，可能会遭到破坏，失去隔水性。在实际工程中，可以通过注浆改造等手段，再造隔水层或者增大隔水层的厚度，达到安全开采的要求。

表1-13 工程过程与自然过程

	地表加载		卸载		流体和气体压力的变化	
	静态	动态	地表开挖	地下开挖	减小	增加
工程过程（工程过程完成，影响也很快停止）	所有大坝和桥梁	采矿活动中的机械、振动、运输和爆炸	1.封闭的（新的连续斜坡、矿井，基坑工程、竖井）2.开放的（新的不连续的斜坡、公路、铁路开挖、运河）	1.线状的（长度远大于直径，隧道、硐室、竖井）2.面状的（地下大面积区域，矿井）	从井、采石场、矿山、隧道、矿井中抽取	向井和蓄水水库中注入废弃液体
可能的反应	沉降或破坏	斜坡开挖失稳，开挖底板的隆起（底鼓）	地下采空区垮落，地表沉陷，相关的地震活动	地表沉陷，岩溶塌陷，相关的地震活动	诱发地震（斜坡失稳，含水层污染）	
自然过程（连续不断影响已完成的工程活动）	沉积物的沉积，雪、冰	地震、海浪、潮汐、	风化造成的材料破坏和不连续面，河流、海洋和风力侵蚀造成的下切作用	岩盐、石膏和其他可溶性岩石的溶解产生	干旱，河流袭夺，自然大坝侵蚀造成的水位降低	山体滑坡造成的堰塞湖蓄水，洪水引起的河道变化
	静态	动态	地表开挖	地下开挖	减小	增加
	地表加载		卸载		流体和气体压力的变化	

4.水文地质边界

水文地质边界是指分隔不同的具有不同特征的水文地质单元的地质界面，如断层、层面等。认识水文地质边界的导水性能对于分析和预测煤矿水文地质、工程地质问题及其作用强度具有重要意义。

按边界透水与否，水文地质边界可分为隔水边界和透水边界。透水边界习惯上称为补给边界，分为定水头边界和定流量边界；透水边界还可按透水性强弱，分为强透水边界与弱透水边界。

（二）水文地质结构

水文地质结构是指水文地质单元内含水层（组）、隔水层（组）、水文地质边界的组合关系以及补给、径流和排泄关系。水文地质结构反映了自然状态下，水文地质单元的立体组合特征。一个矿区可能在同一个水文地质单元内，也可能跨越不同的水文地质单元。需要从平面延展和剖面分布上分析水文地质结构，并将煤矿采掘活动置于水文地质结构分析中进行考量，以分析采掘对水文地质结构的影响程度。

（三）水文地质结构的采动效应

水文地质结构的采动效应是指含水层和隔水层，或者含水层组和隔水层组在采掘影响下，其水文地质特征（水位、水质、渗透性等）的变化以及含水层、隔水层的变形和破坏等。土体含水层组、隔水层组结构的采动效应可能具体表现为水位下降或者疏干、隔水层超静孔隙水压力的产生与消散、溃砂、土体变形和地表沉陷等。岩体含水层、隔水层结构的采动效应可能表现为岩体破坏等形式，例如垮落带、导水裂隙带、底板破坏带的形成，其他新的导水通道的形成等。

四、其他环境要素

影响岩土体自然特性和工程行为的其他环境因素还有气候、时间、动力过程、自然灾害等。这些因素不仅影响着外动力地质作用过程的类型和强度，而且对工程建设安全性也影响巨大。

气候因素如气温、降水等，对地质工程的影响很大，如降雨往往是自然边坡等失稳的诱发因素，气候变化导致地下水位的升降，从而影响到岩土的性质；温度的变化影响到冻融，会对岩土体的强度造成影响以至于影响到工程建筑的稳定性。极端气候和降雨还可能引起井工开采煤矿的淹井。

时间因素对岩土工程性质的改变是不容忽视的。例如常见的风化作用。有的边坡开挖后几年可能是稳定的，但是之后可能会失稳。因此，不仅要考虑短期的稳定性，还要考虑工程全寿命周期的稳定性。

自然灾害如洪水、风暴、火山喷发、地震、地质体移动（崩塌、滑坡、泥石流等）以及人为灾害等，也是在工程地质研究中和实际工作中必须考虑的重要自然环境因素。

第三节　工程地质模型与工程地质图件

一、工程地质模型

（一）基本概念与性质

所谓模型，就是根据实物、设计图或构想，按比例（有的不一定按比例）、形态或主要特征（或者说要素）做成相似的物体或图示，用以展现、揭示或阐明一类事物和问题。

为了解决边坡变形破坏的边界条件问题，孙玉科和姚宝魁教授共同提出了"地质模型"的概念。许兵教授指出：工程地质模型就是依据工程性状，将重要的工程地质条件按实际状态，简明醒目地用图形表示出来，简言之，即为工程与地质条件相互依存的图示。工程地质模型最基本的内涵就是在已定的工程前提下，对工程地质条件做一浓缩，标明工程与重要地质要素的依存关系。

（二）建模的依据与方法

1.建模的依据

工程地质模型是人们对客观事物认识的精炼和图示化。建模最基本的依据是岩体工程地质学观点和理论基础。岩体工程地质力学的核心观点是岩体的内在结构；岩体结构基本控制岩体物理力学性能、岩体变形破坏和岩体稳定性；在岩体结构中，结构面起着主导作用，软弱岩层（软岩）起着起始变形与突破口的作用。结构面类型较多，性状复杂，不仅有软硬之分，还有大小之分和分布上的随机性。许兵教授归纳了结构面对工程岩体影响和作用中的3个重要效应，并认为应成为建模的重要依据。

（1）结构面工程尺寸效应：结构面尺寸与工程尺寸的相关性问题，其中蕴含着匹配与取舍。

（2）结构面与工程的依存效应：结构面与工程就有一个依存关系。随着依存关系的不同，结构面对工程岩体影响是不同的。

（3）多组结构面的组合效应：岩体中有单组结构面发育，很多情况是多组结构面存在。这就产生多组结构面对工程岩体的共同影响，即组合效应问题。

2.建模的方法

工程地质模型的建立必须有一套方法，既有科学简化，又有实际操作。关于科学简化，主要是工程地质条件的抽象和概括，既不失真，又不拘泥一点一滴细节，要从本质或机制上把握要素的地位与作用。关于具体操作方法，一般工程地质模型以剖面形式最普遍，能基本满足人们对工程地质条件与工程关系的认识和了解。如果人们要从总体上把握条件与工程的关系，亦可作三维立体模型。具体方法步骤如下：

（1）要做出一张带工程轮廓线的剖面图，并标出原靖地形线和开挖线。

（2）画出工程地质单元，将不同工程地质单元的产状准确地在剖面图上画出来，对软弱岩层、特殊性质的岩层要给予明显的标注。

（3）将结构面，尤其是软弱结构面（同样用特殊图例），按产状如实地画在图上。在出露的区段内，按比例间距（统计规律）将它们画出。如果几组结构面的组合对岩体起到重要作用，那就把组合交线画在图上，标注特有图例，以示区别与识别。

（4）岩土体赋存环境的表示。可以做出随深度的渗透压力（水压）和地应力值的变化曲线。或者将实测的地应力点的地应力大小和方向、实际水压值等参数直接标出。如果没有具体数值，或者数值变化较大，可以大体给出变化范围或者一个数量级的数值，并在相关说明中加以解释。关于水文地质结构，也可以标出含水层、隔水层组合结构以及补给、径流和排泄条件，表明地下水的流向。

（5）对不同工程地质单元（例如，工程地质类型或者岩石类型）可附一张岩土体属性表格，表示岩土体的物理力学参数、水文地质参数、岩体结构特征等。

模型建立后，为了使设计人员对模型有深切的理解，工程地质人员应做必要的说明，说明中应包括：①突出岩体中软弱岩组和软弱结构面的性状、地位与作用；②阐明软弱结构面的功能，即在岩体变形或失稳中的作用；③预测可能的变形破坏机制和方式；④预测岩体的稳定状态；⑤指出岩体加固或弱化的方向等。

二、工程地质模型在煤矿工程地质中的应用

工程地质工作在煤矿设计、建井和开采过程中极为重要，但是煤田地质和工程地质勘探的大量资料往往不能表示为设计和生产人员能够采用的形式，制约了工程地质成果的应用。工程地质模型概念的提出为解决这一问题提供了途径。建立煤矿工程地质模型的研究工作开始于1999年左右。

前面已经叙述，工程地质模型是包括工程地质单元、岩体结构、地质构造、水文地质结构、地应力、不良地质现象等地质环境和工程条件在内的综合模型。煤矿工程地质模型可以按工程应用目的分类，例如巷道工程地质模型、开采工程地质模型等；也可按模型研究的深人程度和进展阶段分为预测模型、过程模型和结果模型。模型可以用一系列图表或数字化形式表示，可以根据需要建立二维或三维模型。

现以开采覆岩破坏研究的工程地质模型举例说明。

（一）模型的构成

模型建立在工程地质和水文地质勘测成果资料基础上，分析与开采有关的岩土体的工程地质特征和水文地质结构，获得各岩土层的大量物理力学性质参数。在该概化模型的框架体系下，对开采覆岩破坏和岩层移动进行数值或物理模拟，采用揭示开采岩层移动内在机制的方法，可以较准确地预测分层开采和放顶煤开采垮落带和导水裂隙带的高度范围，然后根据模型进行综合评价，可以确定合理的防水煤岩柱尺寸，并提出开采方案建议。如果此煤矿工程地质模型主要以留设合理的防水煤岩柱为目的而建立，模型还将对工程地质体及其物理力学特性、最终的导水裂隙带、垮落带和保护层等形态及其相互关系进行描述。

开采覆岩破坏预测研究的工程地质模型基本构成，主要表示以下内容：

1.煤层上覆岩土层、底板岩层的工程地质类型及其特征、物理力学性质指标的统计值；

2.岩体结构特征；

3.采区直接充水含水层的地下水动力学参数，隔水层特性等；

4.模型的边界条件，重点表述原岩应力状态；

5.开采条件。包括开采方法、采高及顶板管理方法等。

煤矿工程地质模型的建立形成了一个工程地质研究的工具，为煤矿工程地质研究服务。通过煤矿工程地质模型研究，实现变形破坏机制和方式的直观揭示；稳定性的宏观定性判断；依据机制确立所必需的参数并选择较适宜的计算方法，为数值计算与分析提供可靠的依据，尤其是在模型基础之上进行的相关规律性研究更具典型性和科学性，这对工程地质预报或提高其预报准确性具有本质性意义。

（二）模型的建立步骤

开采覆岩破坏工程地质模型通常建立二维模型，对于工程地质工作比较充分的矿区，可以建立三维模型，则更为形象和直观。具体步骤为：

1.原型条件勘测调研。所谓原型，就是模型所要反映的研究对象，原型条件的调研，即对矿区基本情况的勘测调研分析，包括矿井地质地理概况、开采条件、工程地质条件、水文地质条件等。

2.建立工程地质信息数据库，以支持后续的建模工作。

3.根据工程实际提取建模要素，建立覆岩破坏预测的工程地质概化模型，确定模型的边界条件，并实现模型的可视化。

4.由建立的工程地质模型构建数值分析模型或者物理模型，进行不同开采条件下覆岩应力变形和破坏数值模拟或物理模拟，并实现计算结果的可视化。

5.对模型预测结果进行试采验证。

6.进行工程地质综合评价。在对工程地质模型各个组成单元、预测结果和采动效应研究的基础上，综合分析技术和经济因素，确定覆岩破坏高度，进而确定合理的安全煤岩柱的高度。

工程地质模型建立的过程，亦是条件研究、条件与工程关系分析以及科学抽象与分析的过程。条件或因素的研究是基础，因此必须就条件或因素进行深入的探讨与分析，以使建模更加科学与准确。

三、工程地质图

（一）工程地质图简介

工程地质图是地质图的一种类型，它综合了对工程规划、设计、施工有意义的所有地质环境因素。工程地质图可以按不同比例尺把所要表达的内容直接展示在图面上，使用者能一目了然，得到较深刻的理解和印象。

根据图的用途可将工程地质图划分为通用工程地质图和专用工程地质图。

通用工程地质图全面反映工程地质条件和一般评价，是为各类建筑物服务的基础图件，多数作为规划使用的小比例尺图，比例尺为1：25万～1：100万。

专用工程地质图是根据建筑物对地质条件的要求，在一般性反映总体工程地质条件基础上，有选择地重点反映与建筑物最为密切的内容。如工业民用建筑，要突出反映地基土石的工程地质性质及承载力大小等。专用工程地质图可根据不同设计阶段和对建筑物地质要求的详细程度，采用大（1：500～1：10000）、中（1：2.5万～1：10万）、小（1：25万～1：100万）3种比例尺。

工程地质图上表示哪些内容、采用什么方法表示，没有严格的统一标准，但都是以反映工程地质条件为基本内容，以图件整洁美观、准确实用为原则。

（二）煤矿工程地质图

煤矿工程地质图和文字报告是对煤矿地质工作的全面综合和总结，也是工程地质勘探成果的最终体现。它是提供给设计和生产部门最基本、最重要的基础资料，而且工程地质图醒目、直观地反映工程地质条件空间变化的特点，往往被设计人员直接应用。煤矿工程地质图一般包括：钻孔工程地质柱状图、工程地质综合柱状图、工程地质剖面图、工程地质水平切面图、综合工程地质图、煤层顶底板分类图以及其他一些专门工程地质图件。

1.钻孔工程地质柱状图

钻孔工程地质柱状图的形式与钻孔柱状图类似，但要在钻孔柱状图的基础上增加工程地质的内容。除地层时代、岩性柱状图、岩性描述、层厚、累计厚度、电测井曲线、数字测井曲线、钻头类型及钻进速度、冲洗液消耗量以外，还应该有工程地质类型或者岩石类型划分、岩心采取率、RQD值、结构面发育情况、岩石强度、水理性质以及其他工程地质现象。

2.工程地质综合柱状图

工程地质综合柱状图是在综合钻孔编录、现场测试及室内实验的基础上，编制包括工程地质单元的岩性描述、岩土微观综合鉴定、岩土物理力学性质试验指标、水文地质成果、岩土层变形和破坏预计等的基本图件。它最主要的目的就是根据大量的工程地质观测，把钻孔所揭露的岩层划分为工程地质单元；工程地质单元的名称要明确地表示该层段的工程地质性质。工程地质综合柱状图中的工程地质单元划分，不仅能反映岩体纵向上工程地质性质的变化，还是编绘工程地质剖面图的资料。柱状图比例尺的大小一般应根据钻孔的深度确定，常选用1：200～1：500。

3.工程地质剖面图

工程地质剖面图的重点是要反映沿着剖面线工程地质条件的变化，直观地反映剖面上的各种工程地质现象。它与地质剖面图形式相近，是根据地质剖面图、勘探资料和试验成果，揭示一定深度范围内的垂向地质结构，包括不同工程地质单元、各单元的物理力学性质、风化带界线、地下水水位和岩土层渗透性等。其绘制方式与地质剖面图基本相同，尤其是水平标高线、经纬线、地形和主要标志层、断层、钻孔、方向等的画法两者完全相同。但是工程地质剖面图是按工程地质单元分层，还应将地下水位、地貌单元和工程地质分区界线与代号等表示在图上。如已确定开采方案，可将开采方案反映在图上。已开采的采空区及覆岩破坏高度等也要明确标出。

工程地质剖面图可以采用纵横比例尺不同的绘图方法，有时采用纵比例尺比横比例尺大1倍或2倍，依情况决定。特别是层理近水平的松散沉积层，纵向做某些夸大能更清楚地反映某些细微变化。因倾角失真严重，对有许多断层和产状倾斜的基岩，最好不要采用纵横比例尺不同的方法。为了反映某些细节现象，可采用缩短剖面长度、尽量采用纵横比例尺相同的绘图方法。比例尺以1：2000～1：5000为宜。

4.工程地质水平切面图

工程地质水平切面图是沿某一开采水平而编制的反映该水平面上全部工程地质情况和井巷工程的图件。它是进行该水平开采布置、巷道设计和掘进施工的主要依据，是倾斜、急倾斜、多煤层矿井必备的重要图件。利用工程地质水平切面图可以了解该水平上工程地质单元分布、煤层的厚度、煤层间距、主要标志层、含水层地质构造的分布及沿水平方向的变化，以及井巷工程等情况。

工程地质水平切面图所反映的主要内容包括：坐标方格网、指北线、地质剖面线和井田边界线；位于该水平的井底车场、运输大巷、石门和煤巷等井巷工程；穿过该水平的全部钻孔，该水平切过的煤层、主要标志层、含水层；地层界线及煤层厚度和产状、断层位置和产状；工程地质单元类型及主要属性等。工程地质水平切面图的比例尺可根据需要选用，一般为1：2000或1：5000。

5.综合工程地质图

综合工程地质图亦称工程地质图，其主要是根据工程地质测绘的成果编绘而成的。它的底图是地形图，因为工程地质测绘往往与地质测绘和水文地质测绘同时进行，可考虑选择相同的比例尺。

综合工程地质图主要反映下列内容：全区稳定的标志层、工程地质单元、褶皱轴线位置、两翼岩层产状、断层的性质产状、活断层的位置、火成岩的分布、地貌特征、物理地质现象、水文地质现象、勘探剖面线、钻孔及其他勘探工程，工程地质分区界线等。有些重要的工程地质现象因比例尺限制在图上表示不出来，常需扩大比例尺或用图例符号表示。工程地质图主要是在野外观测，地质现象位置准确、不做无根据的推断。在室内整理时，也要根据钻孔、平硐及测试资料有依据地绘制。凡是推测的，都要用图例或文字说明。

6.其他图件和表格

除了上述工程地质图件外，煤矿工程地质工作中还经常用到的图件有：煤层底板等高线图、煤矿水文地质图、煤矿充水性图等图件。另外，一些重要的工程地质水文地质资料也要以表格的形式呈现，如基岩面标高等值线图、第四系底黏土厚度等值线图、基岩厚度等值线图。

第四节　煤矿工程地质勘查

在煤矿中，从勘探、设计、施工、生产到采后阶段都存在着大量的工程地质问题，通过煤矿工程地质勘查，对工程地质条件的进行调查研究，分析和预测煤矿工程建设和生产中的工程地质问题，为解决和防治煤矿工程地质灾害，为煤矿安全生产服务。

一、煤矿工程地质勘察目的与阶段

（一）煤矿工程地质勘查的目的

煤矿工程地质勘查是运用煤矿工程地质理论和各种勘查测试技术手段和方法，查明矿井工程地质条件，为矿井建设规划、设计、施工以及生产提供所需的工程地质资料。煤矿工程地质勘查工作应贯穿于勘探、规划、设计、建井到生产全过程，目的在于：1.合理地规划矿区，解决矿区工业与民用建筑选址问题，矿区的井筒、运输大巷、"三下"采煤等的规划问题；2.根据矿区规划和详细查明的工程地质条件，对首采区的开采、井筒和工业场地煤柱进行预测，对井壁结构设计、巷道支护类型及施工方法提出依据和建议；3.提出预防煤矿工程地质灾害，改善工程地质条件的措施等。

（二）煤矿工程地质勘查阶段

1.矿区勘探阶段的工程地质工作

（1）详查阶段。煤炭矿山工程地质工作一般可从煤田详查（初步勘探）阶段开始。详查的主要任务是为矿区建设开发总体设计提供地质资料。因此，这一阶段工程地质勘查的主要任务是要解决关系到矿区开发前途的重大问题。

（2）精查阶段。矿区精查的主要任务是为矿井设计提供依据。这一阶段的工程地质工作要结合矿井设计方案进行，全面论证矿井建设和生产中可能出现的问题和采取的措施，主要任务：①根据选择井筒的大致位置，进一步查明井筒及其附近的工程地质条件，分析存在的主要工程地质问题，提出设计、施工方案；②查明第一水平主要运输大巷的主要围岩的工程地质性质及主要工程地质问题，为巷道支衬设计、施工方案提供依据；③对首采区开采、井筒及工业场地保护煤柱，建筑物下、铁路下开采的问题进行预测研究；④查明首采区主要煤层顶底板的工程地质特性，对煤层顶底板进行稳定性分类，为顶板管理方法和采煤方法的选择提供工程地质依据。

2.矿井建设阶段的工程地质工作

这一阶段的工程地质工作主要任务是验证、校核已有的地质勘探资料，必要时进行补充勘探工作，及时根据施工收集到的地质资料修改设计、施工方案，以保证井巷工程的长期稳定及经济合理，主要有设计阶段的勘探工作及井巷施工过程中的工程地质工作。

3.矿井生产阶段的工程地质工作

在巷道掘进和煤层开采时，应对煤层顶底板及煤层的工程地质性质进行研究，补充和校正勘探资料的不足，如果与预测情况相差较大，就应考虑修改设计方案，煤层开采时还应配合采矿人员对回采工作面的初次来压步距、周期来压步距、顶底板移近量及移近速度、支护阻力、支架下沉量等进行观测，并针对一些专门问题进行研究。如预报冲击地压、煤和瓦斯突出、底板突水、覆岩破坏高度观测、地表沉陷观测及对环境影响评价与治理等。

4.采后阶段的工程地质工作

煤矿关闭前，应做好煤矿闭坑的工程地质、水文地质工作。煤层开采对地表环境、岩土体造成破坏，形成了许多环境地质问题，诸如地表裂缝漏水，采空区上建筑岩体稳定性、土地复垦治理问题等都需要进行工程地质勘测研究。

二、煤矿工程地质勘查方法

（一）煤矿工程地质测绘

1.煤矿工程地质测绘的内容

（1）划分工程地质单元，详细调查软弱岩层的性质、产状、分布及其工程地质特征。

（2）调查矿区内软弱夹层及各类结构面的分布、物质组成、胶结程度、结构面的特征及组合关系。

（3）按工程地质单元和不同构造部位进行节理裂隙统计，测量其产状、宽度及延伸长度，编制玫瑰花图或极射赤平投影图，确定优势节理裂隙发育方向，划分岩体结构类型。

（4）对矿体主要围岩的风化特征进行研究，划分岩体的强弱风化带。

（5）对自然斜坡和人工边坡进行实地测定，研究边坡坡高、坡面形态与岩体结构的关系；调查各种物理地质现象。在多年冻土区应着重调查融区的分布、成因以及胀丘、冰锥、地下冰层、融冻泥石流堆积、热融滑塌、沉陷、沼泽湿地等的特征与分布。对含连续性冻土的矿床，还应测量冻土层下限深度，并绘制冻土层底板等高线及冻土层等厚线图。

（6）对矿区工程地质条件有影响的地下水露头点、含水岩层与隔水层接触界面特征、构造破碎带的水理性质进行重点调查研究。

（7）详细调查生产矿井及相邻矿山的各类工程地质问题；调查露采边坡变形特征、变形类型、形成条件和影响因素，井巷变形破坏特征、支护情况，变形破坏与软弱层、破碎带、节理裂隙发育带等结构面的关系。

（8）对地裂缝和地面塌陷的测量要求：地裂缝发生的时间、长度、宽度、深度、走向、发生原因及防治情况；地面塌陷发生的时间、分布范围、影响范围、最大长度、最大深度、发生的原因及防治情况。

（9）矿区地表地质灾害现象的调查要求：地表地质灾害的种类、发生的时间、发生的地点、规模、影响范围、体积、成因及防治情况。

2.煤矿工程地质测绘范围

（1）测绘范围

根据《矿区水文地质工程地质勘探规范》的要求，测绘范围以达到采矿工程可能影响的边界外200～300m。通常测绘的范围应稍大于建筑面积。

（2）测绘比例尺的选择

根据不同的工程地质勘查阶段以及工程地质条件复杂程度和研究程度的差异、建筑物类型和规模的不同，测绘比例尺一般分为以下3种：

①小比例尺测绘。比例尺大小为1：50000～1：5000，适用于可行性研究勘查（选址勘查）阶段。主要目的是为了了解区域性的工程地质条件。

②中比例尺测绘。比例尺大小为1：5000～1：2000，一般在初步勘查阶段使用。

③大比例尺测绘。比例尺大小为1：1000～1：200，一般在详细勘查阶段以及复杂和重要建筑物地段采用。

根据《矿区水文地质工程地质勘探规范》的要求，煤矿工程地质测绘应选用的比例尺为1：10000～1：2000。

（3）测绘精度

测绘精度要保证地质界线的准确和地质体变化规律的准确描述。地质点的距离非常重要，在地形图上一般应控制在2～3cm。除了某些特殊的工程地质现象，图上表示工程地质现象的规模一般应大于2mm，地质界线误差一般不能超过2mm。为了做好工程地质测绘工作，应特别注意收集前人的资料、航片与卫片。.

（二）矿井地球物理勘探

1.矿井地球物理勘探简介

矿井地球物理勘探特指通过在地下采场、巷道中观测地下地球物理场的时空变化规律来解决矿井地质、矿井水文地质、矿井工程地质问题的各种地球物理探测方法的总称。

矿井地球物理勘探根据煤层及其围岩的物理性质（电性、弹性、密度、磁性及放射性等）的不同划分不同的勘探方法。主要有以下几种：

（1）电法类。电法类包括：矿井直流电法勘探、矿井瞬变电磁法勘探、无线电波透视法、矿井地质雷达、音频电透视。

（2）地震及声波探测。地震及声波探测包括：槽波地震勘探、矿井瑞利波勘探、矿井岩体声波探测等。

（3）其他物探方法。其他物探方法包括：巷道微重力测量、放射性勘探、红外线遥测等。

2.煤矿地质常用的矿井物探方法

矿井地球物理勘探针对煤矿安全与高效生产的不同需要，已发展成为多种分支方法的技术体系。现简要介绍几种煤矿工程地质勘查中常用的矿井物探方法。

（1）矿井电阻率法

矿井电阻率法又称为矿井直流电法，在煤矿井下巷道中进行，通过在煤矿巷道底板布置的供电电极在巷道周围岩层中建立起全空间的稳定电场，该稳定场特征主要由巷道周围不同电性特征岩石的赋存状态所决定。电流分布三维空间体积范围内所有介质导电性通过式（1-15）计算，其结果是电流分布三维空间体积范围内所有介质导电性的一种综合反映，称为全空间视电阻率，用符号 ρ_s 表示。

$$\rho_s = K \frac{\Delta U_{MN}}{I} \tag{1-15}$$

式中：ρ_s——视电阻率，$\Omega \cdot m$；

  K——电极装置系数，m；

  ΔU_{MN}——电位差，V；

   I——电流，A。

当测量装置附近存在高阻体或低阻体时，异常体会对电流产生排斥或吸引的作用，使测量电极 MN 附近的电流密度增加或减小，由此引起视电阻率值 ρ_s 的增加或减小。

通过对视电阻率 ρ_s 资料的分析及反演解释，可以推断测量装置附近地质异常体的分布范围。

矿井电阻率法是矿井工程地质水文地质勘测必备的探测手段之一，可从各种方位观测巷道周围稳定电流场的分布、变化规律，以探测煤层底板或顶板岩层内隐伏的导水裂隙带、富水异常区、含水层厚度、隔水层厚度和掘进巷道前方的含水构造等。

（2）矿井地震法

矿井地震法是指在煤矿井巷或工作面内开展的浅层地震勘探，所利用的地震波种类包括体波、面波和槽波。它是利用人工激发的地震波在地下传播，遇到地层界面（往往也是岩层与煤层的分界面）所产生的反射波或折射波返回探测面的旅行时间来确定界面的埋藏深度及其产状的。根据探测时所利用的有效波不同，地震勘探的基本方法有折射波法和反射波法。

矿井地震法主要用于探测具有密度差异的地质异常现象，常用于探测剩余煤层厚度、底板岩层埋深、评价隔水层稳定性、底板小构造、掘进工作面小构造等。

（3）矿井瞬变电磁法

矿井瞬变电磁法又称纯异常场法，它利用接地回线源向地下发送一次电磁场，在一次电磁场间歇期间，用线圈对地下地质异常体所产生的二次涡流电磁场进行观测，通过对二次涡流电磁场特征的研究来探测地质构造异常、地下含水层的分布情况。

矿井瞬变电磁法采用多匝小回线装置测量，而且矿、井瞬变电磁法勘探是在煤矿井下巷道内进行，与地面比较矿井瞬变电磁场应为全空间。

目前，矿井瞬变电磁法主要用于解决煤层顶板（或底板）岩层内部的富水异常区探测、巷道掘进工作面前方的突水构造、含水陷落柱探测等水文地质问题。

（4）无线电波透视法

坑道无线电波透视法又称坑透法，是较早用于查明工作面内部的地质构造的物探方法。电磁波在地下岩层中传播时，由于各种岩、矿石电性（电阻率和介电常数）的不同，它们对电磁波能量吸收不同，低阻岩层对电磁波具有较强的吸收作用。当电磁波前进方向遇到断裂构造所出现的界面时'，电磁波将在界面上产生反射和折射作用，造成能量的损耗。因此，在矿井地质条件下，如果发射源发射的电磁波在穿过煤层途中遇到断层、陷落柱、含水裂隙、煤层变薄区或其他构造时，波能量将被吸收或完全屏蔽，则在接收巷道收到微弱信号或收不到透射信号，形成透视异常区，即为所要探测异常体的位置和范围。

随着采煤机械化程度的提高，要求在开采前查清工作面内隐伏构造及其他影响正常开采的不良地质体。CT成像技术的应用，使得坑透技术探测工作面内小构造异常的能力大幅度提高，主要解决以下地质问题：

①查明陷落柱的存在及其分布范围。

②小断层的位置及延伸情况，估算断层落差。

③确定煤层变薄带、冲刷带。

④确定火成岩侵入体的范围。

（5）地质雷达

地质雷达的工作原理与高分辨反射地震类似。它是通过发射天线将高频电磁脉冲送入地下，当电磁波遇到地下波阻抗变化界面时，形成反射信号返到地面，根据反射波回程时间和岩石的电磁波速推算目的层深度和形态。

$$H = \sqrt{(tv)^2 - \frac{x^2}{2}} \tag{1-16}$$

式中：v——岩层的平均电磁波速，m/s；

t——双程走时，s；

x——发射与接收点间距离的一半，m。

波速″通常可以用共深度点法测得，从而可以确定深度 H 和岩层的平均介电系数ε，进而推断地层岩性。

在现场测量时是将发射和接收天线同步移动，每米测数个扫描点，将这样得到的逐点反射记录排在一起，就可得到一个地质雷达反射剖面记录。

雷达的现场剖面记录要经过地形校正，滤波、偏移等处理，得到清晰的地下结构图像用以地质解释。

目前，雷达主要应用于工程场地、线路地质条件的探测。其中对含水溶洞、破裂带等探测更为有效。另外，在岩石裸露地区，探查风化带厚度和结构也十分有效。

（6）矿井防爆测井

通过井下钻探结合矿井防爆测井不仅可直接探查地质异常体，而且可以验证矿井物探的解释成果。

井下钻孔以水平、仰角孔居多，在钻孔内无泥浆，一般为干孔，使一般电测井、声波测井失去传导介质而难以采用，多选用一般不依赖于泥浆作传导介质的核测井作为主要井下测井方法，如：自然伽马测井法、密度测井法。干孔对自然伽马测井法的影响较小，钻孔对自然伽马射线的吸收很弱。正由于自然伽马测井法受井眼影响很小，在井壁易遭破坏的破碎带、松动圈的钻孔中能很好地划分地层。但由于自然伽马测井法对薄层分辨能力差，不能有效地划分煤层中的夹矸。

由于煤矿井下含有甲烷与煤尘等可燃性物质，井下测井仪必须防爆，按本质安全型仪器防爆要求，仪器最大允许功耗为12.5W，而国产测井探管最大功耗一般均小于最大允许功耗。

井下测井曲线可以划分钻孔剖面，确定煤层的深度、厚度。由于煤层顶底板常含有泥岩，放射性元素增加，因而自然伽马曲线表现为高异常。

利用井下测斜测井指导钻孔方向，纠正钻孔的偏差，利用3个以上的钻孔的煤层底板坐标求取煤层的真实产状，然后根据钻孔的倾斜资料求煤层的真厚度指导井下开采；此外，应用自然伽马测井曲线分析煤的灰分和热量。通过对比开采前后的测井曲线，还可以确定覆岩破坏的程度，为水体下开采提供依据。

（7）钻孔成像

钻孔成像技术依靠光学原理使人们能直接观测到钻孔的内部，探测深部岩体，提供更加完整更加准确的第一手工程地质资料。

井下电视以井下探头所发出的可见光为信号源，接收井壁的光反射信号进行成像。井下电视按仪器结构的差异分为全景式井下电视系统和侧视式井下电视系统。

全景式井下电视系统。在探头的前端安装一个固定光源，光源发出的光线被井壁反射，井轴周围360°范围内的反射信号同时到达接收传感器被仪器记录成像。

侧视式井下电视系统。在探头的前端安装一个可转动的光源，该光源的照射具有指向性，能在井轴平面内旋转90°，同时能在垂直井轴的平面内旋转360°。不同深度、不同方位的图像依次被记录形成完整的井壁图像。

（三）煤矿工程地质钻探

工程地质钻探是指在地表下用钻头钻进地层，在地层内钻成直径较小，并具有相当深度的圆筒形孔眼，称为钻孔。钻孔的直径、深度、方向取决于钻探地点的地质条件与用途。通过钻探的钻孔采取原状岩土样和原位试验，是获取地表下准确的工程地质资料的重要方法。

1.钻探的基本方法

（1）回转钻探。利用钻具回转使钻头的切削刃或研磨材料削磨岩土使之破碎进行钻进，它包括岩心钻探、无岩心钻探和螺旋钻进。回转钻进方法可以钻凿不同直径、深度和倾角的钻孔；可采取岩心，也可不采取岩心，是煤田钻探的主要钻进方法。

（2）冲击钻探。利用钻具的重力和下冲击力使钻头冲击孔底以破碎岩土进行钻进，它按动力不同，可分为人力冲击钻进和机械冲击钻进；按连接钻头的工具不同，分为钢（丝）绳冲击钻进和钻杆冲击钻进。这种方法适用于基岩、碎石土等硬岩土层，对于土层一般采用圆筒形钻头的刃口借钻具冲击力切削土层钻进。现代生产中使用的是机械钢绳冲击钻进。这种方法操作和管理简单，使用的设备轻便，工具少，总成本低，但只宜钻凿垂直的无岩心钻孔，包括水井、爆破孔、桩基孔等。

（3）振动钻探。振动钻探是将机械力所产生的振动力通过连接杆及钻具传到圆筒形钻头周围土中，由于振动器高速振动的结果，使土的抗剪力急剧减低，这时圆筒钻头依靠钻具和振动器的重量切削土层进行钻进。这种方法适用于砂性土、黏土、粉质黏土及淤泥质黏土等土层。在这些软岩层和松散岩层中钻进与取样都有很高的效率。

这种钻进方法不使用泥浆，不污染岩样和地层，并且设备比较简单，被广泛用于工程取样钻进及海底浅层取样钻进等方面。振动钻进方法也广泛用于桩基工程施工，如振动沉管灌注桩施工等。振动钻进中，还可借助于振动器的振动下套管、起拔套管、处理卡钻事故等。

钻探方法可根据工程地质条件和勘查要求，按表1-14选用。

表1-14 钻探方法的适用范围

钻探方法		钻进土层					勘察要求	
		黏性土	粉土	砂土	碎石土	岩石	直接观察、采取不扰动试样	直接鉴别、采取扰动试样
回转	螺旋钻探	++	+	+	—	—	++	++
	无岩心钻探	++	++	++	+	++	—	—
	岩心钻探	++	++	++	+	++	++	++
冲击	冲击钻探	—	+	++	++	—	—	—
	锤击钻探	++	++	++	+	—	++	++
振动钻探		++	++	++	+	—	+	++
冲洗钻探		+	++	—	—	—	—	—

注：++为适用；+为部分适用；—为不适用。

2.钻孔岩土样的采取

多数工程地质钻孔都需要采取一定的岩土试样进行工程地质性质的试验与研究，由于岩石较坚硬，一般情况下可直接利用岩心。但对岩层中的软岩、软弱夹层、断层破碎带与煤层，需采取特殊的措施采取岩心，如合金或钻粒无泵钻井法、洗孔干钻法等。根据《岩土工程勘察规范》，在软土、软弱岩层中取样宜采用泥浆护壁；如使用套管，应保持管内水位等于或者稍高于地下水位，取样位置应低于套管底3倍孔径的距离。

针对井工开采矿区，一期开拓水平以上的矿体及其围岩应按不同工程地质单元或岩石分别采样；露采矿区应在边坡地段自上而下分组采样。块状、层状岩类按不同岩石采样；松散软弱岩类，若岩性较均一，厚度大于10m时，每10m采取一组样；岩性不均一时，根据岩性结构特征分层采样。

土样由于强度低，较为松软，又易于扰动，因此，需配置特制的取土设备——取土器。不同等级的土试样的取样工具与方法也不尽相同。根据《岩土工程勘察规范》，常用取样工具和方法见表1-15。

表1-15 不同等级土试样的取样工具和方法

土试样质量等级	取样工具和方法		黏性土					粉土	粉砂	砂土 细砂	砂土 中砂	砂土 粗砂	砾砂、碎石土、软岩
			流塑	软塑	可塑	硬塑	坚硬	粉土	粉砂	细砂	中砂	粗砂	
I	薄壁取土器	固定活塞	++	++	+	—	—	+	—	—	—	—	—
		水压固定活塞	++	++	+	—	—	+	+	—	—	—	—
		自由活塞	—	+	++	—	—	+	+	—	—	—	—
		敞口	+	+	+	—	—	+	+	—	—	—	—
	回转取土器	单动三重管	—	+	++	++	+	++	++	++	—	—	—
		双动三重管	—	—	—	+	++	—	—	—	++	++	+
	探井（槽）中刻取块状土样		++	++	++	++	++	++	++	++	++	++	++
II	薄壁取土器	水压固定活塞	++	++	+	—	—	+	+	—	—	—	—
		自由活塞	+	++	++	—	—	+	+	—	—	—	—
		敞口	++	++	+	—	—	+	+	—	—	—	—
	回转取土器	单动三重管	—	+	++	++	+	++	++	++	—	—	—
		双动三重管	—	—	—	+	++	—	—	—	++	++	++
	厚壁敞口取土器		+		++	++	++	+	+	+	+	+	—
III	厚壁敞口取土器		++	++	++	++	++	++	++	++	++	+	—
	标准贯入器		++	++	++	++	++	++	++	++	++	++	—
	螺纹钻头		++	++	++	++	++	+	—	—	—	—	—
	岩心钻头		++	++	++	++	++	++	++	—	—	+	+
IV	标准贯入器		++	++	++	++	++	++	++	++	++	++	—
	螺纹钻头		++	++	++	++	++	+	—	—	—	—	—
	岩心钻头		++	++	++	++	++	++	++	++	++	++	++

注：1.++为适用；+为部分适用；—为不适用。

2.采取砂土试样应有防止试样失落的补充措施。

3.有经验时，可用束节式取土器代替薄壁取土器。

第二章　煤矿工程勘查技术

地质、地球物理、地球化学以及遥感等勘查技术都能从不同方面提供发现矿床所需的资料，这些资料是非常重要的，然而，它们一般都具有多解性的特点。虽然通过综合运用上述技术可以互相补充、互为印证，消除多解性，建立起比较符合实际情况的地质图像或概念，但是，其真实性最终仍有待探矿工程技术来证实。由系统布置的探矿工程勘查网能提供矿化远景区内的地质及矿石含量的三维图像。

探矿工程勘查技术包括坑探和钻探两大类。钻探是目前地质勘查中运用最多的技术手段。

第一节　坑探工程

坑探工程简称坑探，是在地表和地下岩石或矿体中挖掘不同类型的坑道，以了解地质和矿化情况。它可以分为地表坑探工程（过去有人称为轻型山地工程）和地下坑探工程（又称为重型山地工程）两种。地表坑探一般采用人工挖掘，不需照明、通风、动力等设备，包括剥土、探槽和浅井，主要用于揭露基岩、地质界线、接触关系和矿化带等，以了解其特征和延展情况；而地下坑探由于是在地下较深处的岩石或矿体中掘进，因此，生产技术较复杂，需要动力、照明、支护、通风、排水等一系列设备，主要用于勘探形态复杂、有益组分变化大和经济价值高的矿床，如稀有金属、贵金属，金刚石、水晶、宝石等。对于各类大型矿床，即使矿体形态比较规则、有益组分变化不大，为了提高控制程度或者为了检查钻孔质量以及专门采取技术样品和技术加工样品，同样需要使用（或部分使用）坑探工程。

坑探的特点是地质人员可以进入工程内部，对所揭露的地质及矿化现象进行直接观测和采样，能够获得比较精确的地质资料。因而，利用坑探工程探明的资源储量具有较高的精度，可以用于检验钻探和物化探资料或成果的可靠程度。由于地下坑探工程，尤其是竖井和斜井，要求设备多、施工速度慢、成本高，所以选用这类工程时一定要切合实际，权衡好各方面的因素。

一、地表坑探工程

（一）探槽

探槽（trenching）是指勘查工作中为揭露基岩或矿化体，在地表挖掘的一种深度不超过3m的沟槽。一般要求探槽槽底深入基岩0.3m、底宽0.6m左右，其长度及方向则取决于地质要求，通常是按一定的间距垂直所要探明的地质体或矿化体布置。按其作用的不同分为主干探槽和辅助探槽。

主干探槽布置在勘查区的主要地质剖面上，要求尽量垂直于矿化带或构造带以及围岩的走向，目的是研究地层剖面和构造规律以及控制矿化体的分布等。辅助探槽是加密于主干探槽之间的短槽，用于揭露矿体或其他地质体界线。关于探槽原始地质编录的技术要求请感兴趣的读者参见中国地质调查局2006年颁发的《固体矿产勘查原始地质编录规程（试行）》规范中的相关内容。

探槽主要适用于揭露、追索和圈定近地表的矿化体或其他地质界线，一般要求覆盖层的厚度不超过3m。由于探槽施工简便、成本较低，因而在矿产勘查中广泛应用。

（二）浅井

浅井（pitting）是从地面铅垂向下掘进的一种深度和断面都较小的勘查竖井。其断面形状一般为正方形或矩形，断面形状为圆形的浅井又称为小圆井。断面面积为1.2～2.2m²，深度不超过20m，一般为5～10m。

浅井可用于砂矿床与风化壳型矿床的勘查或用于揭露松散层掩盖下的近地表的矿化体。浅井施工的难度和成本比探槽要高，因而，如果不采集大样的话，可用轻便取样钻机代替部分浅井。

二、地下坑探工程

（一）平硐

平硐（adit）又称平窿，是按一定规格从地表向山体内部掘进的、一端直通地表的水平坑道。两端都直接通达地表的水平巷道称为隧洞或隧道。平硐的形状一般为梯形或拱形，是人员进出、运输、通风及排水的通道。在勘查中常用于揭露、追索和研究矿体。与竖井和斜井比较，平硐的优点是施工简便、运输及排水容易、掘进速度快、成本较低等，因此，在地形有利的情况下应优先采用平硐勘查。

（二）石门

石门（crosscut）是指从竖井（或盲竖井）或斜井（或盲斜井）下部掘进的地表无直接出口且与矿体走向垂直的地下水平巷道。由于它是穿过围岩的巷道，故称为石门，一般用作连接竖井或斜井与主要运输巷道（沿脉）的主要通道、揭露含矿岩系的地质剖面，以及追索被断层错失的矿体等。

（三）沿脉

沿脉（drift）是指在矿体中或在其下盘围岩中沿矿体走向掘进的地下水平巷道。沿脉无地表直接出口，一般通过石门与竖井或斜井井筒连接。布置在矿体内的沿脉称脉内沿脉，布置在围岩中的沿脉称脉外沿脉或石巷，采用哪一种沿脉应根据矿体地质特征和生产要求而定。

在勘查项目中，主要利用沿脉来了解矿体沿走向的变化情况，沿脉还可供行人、运输、排水和通风之用。

（四）穿脉

穿脉（cross-cuts）是指垂直矿体走向掘进并穿过矿体的地下水平巷道。在勘查中穿脉主要用于揭露矿体厚度、了解矿石组分和品位的变化，以及查明矿体与围岩的接触关系等，其长度取决于矿体厚度以及平行分布的矿体数。

由沿脉、穿脉、石门等地下平巷配合，构成了控制矿体分布的水平断面，这种水平断面称为水平（level），通常以所在标高来编号，如 0m 水平，-50m 水平等，有时也以从上往下按顺序编号，如第一水平、第二水平等。相邻水平之间的阶段称为中段，某一水平标高以上的那个中段称为某标高中段，中段上下相邻水平坑道底板之间的垂直距离（或高差）称为中段高度。

（五）竖井

竖井（shaft）是指直通地表且深度和断面较大的垂直坑探工程。竖井是进入地下的一种主要通道，按用途可分为勘探竖井和采矿竖井，后者又分主井、副井、通风井等。竖井一般在地形比较平坦的地区采用。勘探竖井断面常为矩形，深度一般在 20m 以上。由于开掘竖井技术复杂、成本高，一般不得随意施工。竖井设计须与矿山设计部门共同商定，以便开采时利用。

（六）斜井

斜井（inclined shaft）是以一定角度（一般不超过 35°）和方向，从地表向地下掘进的倾斜坑道，它也是进入地下的一种主要通道。地表没有直接出口的斜井称为盲斜井或暗斜井。斜井的设计与施工也须与矿山设计部门共同商定。

三、地下坑探工程的地质设计

地下坑探工程地质设计的内容包括：坑道勘查系统的选择、勘探中段的划分、坑口位置的确定、坑道工程的布置，以及设计书的编写等。由于地下坑探工程施工技术复杂、工程量大、投资费用高，设计时必须具有充分的地质依据和明确的目的，坑道的布置必须考虑为今后矿床开采时所利用，因而要提出多个设计方案进行地质效果和经济效果的比较和论证，抉择最优方案。

（一）坑道勘查系统的选择

坑道勘查系统可分为平硐系统、斜井系统以及竖井系统，分别适用于不同的条件。因此，应用时须根据矿床所在的地形地质条件，如地形、矿体产状、围岩性质等进行合理选择。原则上要求所选坑道勘查系统既能达到最佳勘查效果，又能实现经济、安全、施工方便，并且所设计的坑道能够为今后矿山开发所利用。

（二）勘探中段的划分

一般是以主矿体地表露头的最高标高为起点，根据所确定勘查类型或采用其他方法确定的中段高度或其整数倍。一般厚大矿体，急倾斜时，中段高为50～60m；厚度不大的急倾斜矿体，中段高为30～40m；缓倾斜矿体中段高为25～30m。向下依次确定各勘探中段的标高（此为在水平上布置水平巷道腰线的标高），并在设计剖面图或矿体垂直纵投影图上标绘出各水平的标高线，以便布置坑探工程。同一矿区不同地段的水平标高应当一致，同一水平上各水平巷道的腰线标高误差不得超过3%～5%。

（三）坑口位置的选择

平硐和斜井坑口应有比较开阔的场地，以便建筑附属厂房以及堆放废石，并且要求岩层比较稳固、坑口标高必须高于历年最大洪水水位。坑口最好能位于坑探系统的中部，使主巷两翼的运输和通风距离大致相等。

布置竖井时要求：

1.井筒应布置在矿体下盘，而且必须位于开采后形成的地表移动带范围之外，以确保井筒的安全以及避免因维护井筒而保留大量的矿柱；

2.井筒应避开构造破碎带和厚度大而又非常坚硬的岩层（如花岗岩、石英岩等）；

3.井口标高必须高出历年洪水水位，井口附近地形条件良好，便于建筑、排水，以及堆放废石等；

4.尽可能使石门长度达到最短。

（四）探矿坑道的布置

探矿坑道主要指沿脉和穿脉。沿脉坑道一般布置在主矿体内或其下盘，其设计长度大致与矿体一致或视需要而定；穿脉坑道应布置在相应的勘查线上，用于揭露矿体沿厚度方向的变化以及圈定次要矿体。

探矿坑道的布置是在相应水平的平面图上进行。如果深部有钻孔资料，可以根据设计地段的勘查线地质剖面编制水平地质平面图。当深部无钻孔资料时，则可根据勘查区大比例尺地质图，在设计地段按一定间距切制若干条地质剖面，剖面上地质界线及其产状按地表产状向下延伸到设计水平，然后编制水平地质预测平面图。

在水平地质平面图上坑道的布置可分为脉内沿脉系统和脉外沿脉系统。如果矿体厚度小于沿脉坑道的宽度，可以考虑采用脉内沿脉系统；如果矿体厚度大于沿脉坑道宽度，而且下盘围岩稳定，则可采用脉外沿脉系统，在沿脉中按一定间距布置穿脉。无论是脉内沿脉还是脉外沿脉系统，穿脉坑道的布置都必须与整个勘查系统相适应，便于资料的综合整理。探矿坑道设计好后，应在水平地质设计平面图以及勘查线设计剖面图上标出坑道的方位、坑道设计长度、断面规格、以及坡度等。

（五）坑探工程设计书的编写

凡地下坑探工程都应编写专门的设计书，对应用坑探工程的地质依据和必要性进行论证，对勘探系统的选择、水平标高及坑口位置的确定等进行评述，最后列表统计坑探工作量。设计书应附勘查区地形地质图、各中段地质（预测）平面图、有关设计剖面等图件。具体要求参见有关规范。坑道设计被批准后还应将坑道预计地质情况和水文地质情况等方面的资料送交施工部门，以保证施工安全。

（六）坑探的施工管理和编录要求

根据批准的坑探工程施工设计图，由地质人员与测绘人员共同到现场对工程进行实测定位。施工期间应定期对工程质量与工程量进行阶段验收，在预计有突水和涌水地段施工时应制定探水防水措施和预警方案，工程全部完工后应进行竣工验收。

中国地质调查局2006年颁发的《固体矿产勘查原始地质编录规程（试行）》（DD2006—01）规范中详细阐述了坑道原始地质编录操作方法及技术要求。

第二节　钻探方法

钻探是利用机械碎岩方式向地下岩层钻进的一种地质勘查方法，主要用于探明深部地质和矿体厚度、矿石质量、结构、构造情况，包括提供地下含水情况以及验证物、化探异常，寻找盲矿体等。钻探方法不仅广泛应用于矿产勘查，也是工程地质勘查中的最基本的勘查手段之一，通过钻探可以直接获取地下埋藏的岩石、土层、水、气、油等实物样品，并可在钻孔中进行各种测试。

一、主要的钻探方法

钻探按钻进方法分为冲击钻进、回转钻进、冲击回转钻进以及反循环钻进等；按钻进是否采取岩心，则分为取心钻进和不取岩心钻进。

（一）冲击钻进

这种钻进设备基本上是采用压缩空气驱动的锤击系统，重锤把一系列的短促冲击迅速地传递至钻杆或钻头，与此同时，传递一次回转运动，达到全面破碎钻孔孔底岩石的目的，这种钻进方法称为冲击钻进。钻进设备大小不一，小者如用于坑道掘进的风钻，大者可以安装在卡车上，能够以较大孔径钻进数百米的深度。

冲击钻进方法是一种快速而成本较低的方法，其最大的缺点是不能提供取样的精确位置，然而，其钻探费用只有金刚石钻探的1/2～1/3。这种技术主要在勘探阶段用于加密钻探，获取化学分析样品以及确定矿化的连续性，尤其适合于斑岩铜矿的勘查。其钻进速度可达1m/min，而且在一个8h的工作班内钻探进度有可能达到150～200m。如果以这样一种进度并配置多台钻机，每天可获得数百个样品；以10cm的孔径计算，每钻进1.5m的孔深可以产生大约30kg的岩屑和岩粉，所以，要求与采样和样品的化学分析密切配合。像所有的压缩空气设备一样，这类钻机操作时噪声很大。

（二）回转钻进

利用硬度高、强度大的研磨材料和切削工具，在一定压力下，以回转的形式来破碎岩石的钻进方法，称为回转钻进。按照钻进形式，回转钻进又可分为两类。

1.孔底全面钻进：即在钻进过程中将孔底岩石全部破碎，钻下的岩屑通过冲洗液带至地表用作样品，不能取岩心。典型的回转钻头是三牙轮钻头，每小时以高达100m的速度钻进是可能的。这种类型的钻进方法一般用于石油勘查和开采，其钻孔孔径较大（大于20cm）、钻孔深度可达数千米，需要使用昂贵的钻进泥浆，钻探设备比较笨重。

2.孔底环状钻进：即以环状钻进工具破碎岩石，在钻孔中心部分留下一根柱状岩石（岩心），这种钻进方法称为岩心钻探。按照不同的方法，岩心钻探又进一步分为不同的钻进形式。

（三）冲击回转钻进

冲击回转钻进是冲击钻进和回转钻进相结合的一种方法，即是在钻头回转破碎岩石时，连续不断地施加一定频率的冲击动载荷，加上轴向静压力和回转力，使钻头回转切削岩石的同时还不断地承受冲击动载荷剪崩岩石，形成高效的复合破碎岩石的方法。根据冲击和回转的重要性大小，这种方法还可进一步分为冲击-回转钻进（即冲击频率较低、冲击功较大、转速较低）和回转-冲击钻进。

回转式空气冲击钻进（rotary air blast drilling，RAB）在澳大利亚矿产勘查初期阶段中是一种非常重要的勘查手段，据澳大利亚应用地球化学家协会2006年发行的第130号勘查通讯的报导，仅在1996～1997年，在西澳耶尔岗克拉通地区矿产勘查施工的RAB钻探总进尺达到5000km；近30年来在耶尔岗地区发现的金矿床中，RAB钻探在90%的金矿床的发现过程中都起着关键作用。为什么RAB钻探在澳大利亚矿产勘查中得到广泛应用，究其原因主要在于：

1. 澳大利亚大部分地区都分布着很厚的风化壳，采用钻探手段很容易穿过覆盖层进入到富含黏土矿物的氧化基岩内；而且现代潜水面一般都位于比较深的部位（通常为40～60m的深度水平），使得RAB钻探样品的采取率能够达到技术要求。

2. RAB钻探成本比反循环钻探和金刚石钻探要低得多。根据2006年澳大利亚钻探公司承包的RAB钻探项目的基本钻探费用价格为：4.5～6.5澳元/m（RAB多刃钻头钻进），8.5～12.5澳元/m（RAB风动往复式驱动锤冲击钻进）。RAB钻机售价也相对较低，钻机一般安装在四轮或六轮驱动的卡车上，载重10～15t，根据2006年的价格，澳大利亚生产的车载RAB钻机售价为40～60万美元（包括活动住房在内）。

3. RAB钻机搬迁灵活轻便，钻进速度快（每小时进尺可达30～40m，钻孔直径在9～11.5cm），适合于勘查初期阶段圈定异常或异常查证。

4. 澳大利亚劳动力成本相对较高，因而，采用人工开挖探槽和浅井揭穿浅部覆盖层并不是一种经济有效的最佳选择。

RAB钻机与露天矿山的爆破孔钻机（潜孔钻机）结构基本相似，所不同的是RAB钻机通常安装在卡车上而不是履带式的；既可采用硬质合金钻头旋转钻进（绝大多数情况下采用这种钻进方式），也可采用风动往复式驱动锤冲击钻进（适应于钻进诸如硅质胶结砾岩、石英脉、燧石层以及硅铁建造等坚硬岩层）。RAB钻进取样的原理是将压缩空气（压力高达17.5～24.5kg/cm²）从钻杆内部向下注入，通过钻头沿钻杆和孔壁之间返回地面，钻下的岩屑随之携带至地表，按采样要求收集。

（四）反循环钻进

反循环钻进是指钻井液介质从钻杆与孔壁之间或从双壁钻杆间隙进入孔底，将岩屑或岩心经钻杆柱内携带至地面。钻进液介质可以是清水、泥浆、空气或气液混合。

反循环钻进方法既可用于钻进未固结的沉积物（如砂矿床钻探），也可用于钻进岩石；采取的样品既可是岩屑，也可为岩心。尤其适合于斑岩型铜矿和以沉积岩为主岩的金矿床（卡林型金矿床）。

这种钻进方法的优点是钻进速度快（每小时钻进深度可达40m）、样品采取率高（可达100%）而且样品几乎不受到污染。由于采用了专用钻杆、需要空气压缩机和其他附加设备等，其钻探成本较高，然而，其采样质量也较高。一些反循环钻进具有取岩屑和岩心双重功能，因此，在钻进过程中可以考虑在重要部位时采用高质量的岩心钻进而在不重要的部位采取岩屑钻进方式，这样实际上可以降低钻探总成本。

（五）不取岩心钻进

一般是在勘探后期，对矿床地质情况已有相当了解，且地质情况简单，或为了查明远离矿体的围岩时采用。在钻进方式上的不同之处在于，它是从钻孔中取出岩屑、岩粉，再配合电测井以确定钻孔中各岩性的位置和厚度。但在见矿部位，一般仍要取岩心。在勘探石油、天然气时，较多采用地球物理测井技术，目前在勘探固体矿床中，也日趋广泛采用。测井方法主要有以下几种。

1.磁测井：主要用于协助查明钻孔附近由于矿体引起的磁性干扰。

2.电磁测井：电磁性、电阻性和激发极化法能有效查明金属矿体，特别是能指示块状或浸染状硫化物矿床的存在。

3.γ-射线能谱测量用于放射性矿床勘查。

4.中子活化法用于测量孔壁中钼、铅、锌、金和银的含量。这一方法目前仍处于试验阶段，但由于它能直接测定某些金属含量，因此，今后定会有广阔的发展前景。

此外，地球物理测井技术不仅能应用于单孔，还可在钻孔之间以及钻孔和地面之间进行测量，从而对勘查目标进行三维解释。

进行钻探工作，需要如下几个方面：

1.一套复杂的机械设备，如不同型号的钻机（带动力机）、水泵（带动力机）、钻塔、拧管机和照明发电机等，还得配钻杆、取心管以及各种其他工具等，特别是石油钻探更是庞杂；

2.完整的施工规程；

3.一支训练有素的工人队伍和具有组织指挥才能，兼有丰富的理论知识和技术才能及实践经验的高级工程师、工程师等人员组成。

过去，地质和探矿工程是一家，在转换机制后，探矿工程已独立成队或公司，但主要为地质服务的任务没有变，因此，在进行地质勘查中，地质人员和探矿工程部门应密切合作。

二、钻探方法的选择

选择合适的钻探技术或多种技术的结合需要考虑钻进速度、成本、所要求样品的质量、样品的体积以及环境因素等方面进行综合权衡。虽然冲击钻进方法只能提供相对较低水平的地质信息，但具有速度快、成本低的优点；金刚石钻进能为地质研究和地球化学分析提供最重要的样品，并且在任何开采深度范围内都可以利用这种技术获得样品，所获得的岩心能够进行精确的地质和构造观测，还可以提供无污染的化学分析样品，不过，金刚石钻进成本最高。矿产勘查中金刚石钻探方法应用最为广泛。

勘查项目的技术要求在选择钻探技术时起着重要作用。例如，如果勘查区地质复杂或者露头发育不良，而且没有明确圈定的目标（或者也许需要验证的目标太多），因而，不可避免地需要采用金刚石钻进来提高对该地区地质认识的水平；在这种情况下，从金刚石钻进所获取的岩心中得到的地质信息有助于建立勘查目标概念或者是对地球物理/地球化学异常进行排序。同时，如果需要验证个别的、明确圈定的地表地球化学异常，其目的是要验证是否是浅部埋藏矿体的显示，那么，可以选用冲击钻或其他成本较低的钻进方法。

三、矿产勘查中钻探工程的主要目的

钻探是矿产勘查技术中一种最重要也是花费最高的技术。在几乎所有的情况下，都需要利用钻探技术对矿体进行定位和圈定。在各个勘查公司，投入靶区钻探的预算百分比提供了公司勘查业绩的度量；许多管理有方的成功的勘查公司认为，在一定期间内，平均至少应有40%的勘查经费用于靶区钻探。根据矿产勘查的目的，勘查钻孔可分为如下几类：

（一）普查钻孔

在区域勘查阶段，主要用于了解深部地层、岩性等的变化，尤其是在寻找层控矿床的地区。

（二）构造钻孔

主要用于区域勘查阶段，查明与矿床有关的地质构造。

（三）普通钻孔

在详查尤其是在勘探阶段中，用于查明矿化的连续性，即探明深部矿体的赋存状态、质量和数量等。普通钻孔一般都属于加密取样钻孔，一般不要求通过这类钻孔来了解更多的矿床地质特征的信息，故可采用成本较低的钻进方法。

（四）控制钻孔

用于圈定矿体边界和矿床的分布范围。重新钻探前，要注意充分利用已有的钻孔资料，因为许多成功的勘查项目往往始于对过去的钻井资料和岩心所作检查。美国亚利桑那州的克拉玛祖铜矿的发现就是一个极好的实例。

第三节　金刚石岩心钻探方法

金刚石岩心钻探是采用由镶嵌有细粒金刚石的钻头破碎岩石的一种钻探方法。金刚石具有极高的硬度和良好的强度，是迄今最有效的碎岩材料。由于人造金刚石及配套技术的发展，金刚石岩心钻探应用范围大为扩展，不仅能应用于坚硬地层而且能应用于硬、中硬及软地层，金刚石岩心钻探的发展推动了整个岩心钻探技术的发展，金刚石岩心钻探已成为矿产勘查最重要的钻探方法。

金刚石岩心钻探在发展中为适应不同岩层及不同地质勘查要求，发展了以金刚石及绳索取心钻进为主体的多工艺钻进，包括冲击回转钻进、受控定向钻进、反循环中心取样钻进、无岩心钻进等。

金刚石岩心钻探配套技术包括钻头、管材及工具、设备（钻机、泵、仪表等）、钻井液、钻进工艺、规程，以及标准等。

一、金刚石钻头

金刚石钻头按包镶形式分为表镶、孕镶、镶嵌体三类，分别适用于各类不同的地层。表镶金刚石钻头是在钻头胎体表面镶嵌天然单层金刚石（按每克拉金刚石的粒数进行分类）；孕镶金刚石钻头是将细粒金刚石均匀分布在胎体工作层中，在钻进过程中金刚石与钻头胎体一起磨损，新的金刚石不断露出于唇面来切削破碎岩石；镶嵌体钻头是用复合片或聚晶体镶嵌在钻头胎体上。一般说来，镶有颗粒相对较大的表镶和孕镶型金刚石钻头适合于钻进较软的岩石（如灰岩），而镶嵌型钻头适合于坚硬的致密块状岩石（如燧石岩层）钻进。我国现在能制造不同岩层和不同用途的金刚石钻头，还能制造特殊钻头，如冲击回转钻头、打滑钻头、不提钻换钻头等，在金刚石钻头设计、制造和性能检查技术方面已跻身国际先进行列。

随着技术的发展，金刚石钻头将可以钻进任何岩石。但是由于金刚石钻进成本较高并且要使岩心钻进长度和岩心采取率达到最大而钻头磨损达到最小，因此，选择钻头要求具有相当丰富的经验和判断能力。用过的表镶金刚石钻头还具有金刚石回收利用的价值。

虽然我们希望钻取的岩心直径越大越好，但是小直径的岩心一般也是能够接受的，因为金刚石岩心钻探的成本随孔径的增大以及随钻进深度的增加而增高。同时，我们也要求最小的岩心直径不仅能够提供地下的地质信息，而且能够提供适合于化学分析或工程地质研究的样品。岩心直径可以直接用毫米表示，但更常见的是用代码分类。

二、岩心管

随着钻头的旋转运动钻取岩心，并且通过钻杆的推进迫使岩心向上进入岩心管。岩心管根据其所能容纳岩心的长度进行分类，岩心管一般长 1.5～3m，最长可达 6m。岩心管通常都是双管，其中的内岩心管不随钻杆运动，也不旋转，这样能够提高岩心采取率。在岩石较易破碎的情况下，还可以采用三管的岩心管。

过去，为了采取岩心，必须把钻孔内所有钻杆全部从孔中一根一根地提出地面，取完岩心后还得一根一根地放入孔内，再继续钻进，这是一个很费时间的过程。现在，采用绳索取心的方法，无需升降和拧卸钻杆，从而大大节省了时间和减轻了钻工的劳动强度。

所谓绳索取心钻进是指在钻探施工过程中提升岩心时不提升孔内钻杆柱，而是通过绞车和钢丝绳将打捞器放到孔底，将容纳岩心的内管连同岩心一起提至地面，取出岩心后再将空的内管投放孔内，继续钻进。而且，新近发展起来的技术甚至能够通过钻杆柱的伸缩更换钻头或检查钻头的磨损情况而无须提升全部钻杆柱。

三、循环介质

一般在钻进过程中，利用水在钻杆内部向下流动，冲洗钻头的切割面，然后通过钻杆与孔壁间狭窄空间返回地面（这种钻进方式称为正循环钻进）。该道工艺的目的是润滑和冷却钻头并把破碎和研磨的岩屑从孔底带到地表。水可以与各种黏土或其他掺合剂结合使用，从而可以达到降低样品损失和保护钻孔壁的目的。有关循环介质的研究在石油钻井中取得显著的进展。

四、套管

套管是一种柱状空心钢管，钻具可以在套管中安全运行。钻进过程中经常可能遇到破碎带或漏水层，必须采用套管封闭孔壁，起着防止孔壁岩石坍塌、循环介质的流失或地下水的灌入之类的突发事件。在设计钻孔时必须考虑套管和钻头按尺寸配套，保证下一级较小直径的套管和钻头能够通过已经钻进的较大直径的孔径。

五、钻进速度和成本

在固体矿产勘查中大多数钻孔深度都小于400m，但所使用的钻机一般都具有最高钻进深度达2000m的能力，而且可以打水平钻孔、垂直钻孔，以及从水平到垂直角度之间的各种倾斜钻孔。钻进速度与钻机类型、钻头以及钻孔孔径等因素有关。一般说来，孔径越大，钻进速度越慢；孔深越大，钻进速度越慢。此外，钻进速度还与钻孔穿过的岩石类型有关，在软岩层、易碎或节理发育的岩层中钻进速度较慢。

每小时钻进10m的速度是可能达到的，当然，这在很大程度上取决于钻工的技术以及岩石的钻进条件。对于孔深为300m左右的钻孔而言，钻进成本在800～1500元/m。有关金刚石钻探成本的标准可参考有关文献。

第四节　钻孔的设计与编录

一、钻孔的设计

钻孔的设计是在勘查工程总体部署的框架下进行，作为勘查系统的一个重要组成部分，本节着重阐述钻孔设计中的一些具体要求。

（一）钻孔布置及施工顺序的考虑

钻孔布置必须在对地面地质情况进行了一定程度的地表揭露、实测地质剖面或者是对地球物理、地球化学勘查成果进行了深入研究的基础上。探矿工程是直接获取深部地质和矿产情况的最有效手段，但因投资较大，故对钻孔布置必须精心设计实施，为避免盲目和浪费。一般应严格遵循以下原则：

1.根据不同的要求，按一定间距，系统而有规律地布置，以便工程间相互联系并对比，利于编制一系列的剖面和获得矿体的各种参数；

2.尽量垂直矿体走向或主要构造线方向布置，以保证工程沿矿体厚度方向穿过整个矿体或含矿构造带；

3.从把握性大的地方向外推移，即由已知到未知，由地表到地下，由稀到密地布置；

4.充分利用原有槽探、钻探和坑探的成果。

无论是零散的或成勘查线排列的钻孔，均应尽可能地与已有的勘查工程配套，相互联系，构成系统，以便获得完整的地质剖面。布置的形式可以是勘查线，也可以是勘查网（如正方形的、矩形的或菱形的），这要视地质和矿床的具体情况而定。

在施工的步骤上，为了某些特殊需要，如为查明某些重要地层层序，获得有关岩石类型方面的信息，探测不整合面下部或冲断层下盘的地质情况，以判断有利成矿部位；或在勘查靶区为了验证显著的地球物理异常或地球化学异常以及重要的地质情况，也可先布置单孔，但单孔布置应符合总体方案要求，使它成为总体方案的一个点或基础，往后，再按更系统的勘查间距施工。

为了获得适合于确定矿石品位的最精确的取样，钻孔一般都要以高角度与潜在的矿体相交。如果目标是原生矿化，钻孔要布置在预测的氧化带水平以下穿过矿体。如果矿化体是陡倾斜的板状，那么，钻孔应以一定角度在矿化体倾向相反的方向揭露矿体。如果矿化体的倾向还不清楚（当验证地球物理或地球化学异常时常常会出现这种情况），那么，为了保证能与目标相截，将需要设计至少两个相反倾向的钻孔，若第一个钻孔揭露到了目标矿化体，则不施工反向钻孔；若第一个钻孔落空了，有可能矿化体是向反方向倾斜，有必要施工反向钻孔进行证实。如果矿化体是缓倾角的层状或透镜体，则采用垂直钻孔进行验证。

一旦揭露到目标矿化体，根据勘查设计的要求，以第一个见矿钻孔位置为起点实施扩展钻探，目的是确定矿化范围。由于矿化体的潜在水平范围通常比其潜在深度范围会了解的更多一些，所以，在多数情况下，第一批施工的扩展钻孔都是从第一个发现孔沿走向布置（以40m或50m为倍数的规则网度布置），目标是在与第一个发现孔近似的深度与矿化体相截。一旦在一定长度的走向范围内证实了有经济意义矿化的存在，即可以按设计实施勘查线剖面上较深的钻孔。

（二）单孔设计

钻孔结构又称孔身结构，是指钻孔由开孔（开钻）至终孔（完钻）的孔径变化，它包括孔深、开孔和终孔直径、孔径更换次数及其所在深度、下入套管的层数和位置以及套管的固定方法。在单孔设计时，在满足地质要求的前提下，应尽可能简化钻孔结构，即力求孔径小、少换径、少下或不下套管，从而提高钻进效率、降低钻探成本。

钻孔设计一般包括以下内容。

1.编制设计理想剖面图。这种剖面图是根据地表地质情况的观测研究、地球物理和地球化学异常的分析等获得的有关矿体和围岩产状、构造特点等资料，结合控矿条件分析，推测矿体在地下可能的延伸和赋存状态而编制。

3.钻孔预定戳穿矿体（或其他地质体）位置的确定。根据设计钻孔的目的要求，在理想剖面图上从矿体在地表的出露点开始，向下沿推测矿体或矿带厚度中心平分线（矿体较薄时则沿底板线）截取选定的钻孔孔距，此间距的下端点即为钻孔预定戳穿矿体的位置。

3.预计终孔深度。是指定钻孔在穿过了目的层后再钻进一段进尺（如5m）后不再继续下钻的深度。当对地下地质情况掌握不太确切，尤其是在验证地球物理或地球化学异常时，终孔深度应设计得比较灵活些。

4.钻孔类型的确定。这是指岩心钻探的钻孔采取什么角度进行钻进。根据地质上对穿过矿体时的要求以及矿体和围岩的产状、物理机械性质和技术可能，可考虑直孔、斜孔或定向孔。具体选择时应注意以下要求：（1）保证钻孔沿矿体厚度方向穿过。至少钻孔与矿体表面的夹角不得小于25°，以免钻孔沿矿体表面滑过；（2）尽量节约工程进尺，使孔深较浅就能达到预计的终孔位置；（3）尽可能选择直孔，因为斜孔和定向孔技术上比较复杂，施工比较困难，设计用的资料也要求更高。一般在矿体倾角大于45°时才考虑采用斜孔。

5.地表孔位的选择。单个工程布置应符合总体方案要求，因此，钻孔地表孔位的选择应在满足地质要求的前提下，注意照顾现场的实际情况。例如，便于场地平整、避开容易坍塌的危险地点，不损坏建筑物和交通要道，尽量少占农田以及便于器材运输和供水等方面的因素。当设计孔位与上述要求相矛盾时，可根据具体地质条件，在勘查线上或两侧作适当移动，但不得超过2m。

6.编制钻孔理想柱状图。根据实测地质剖面和孔位周围的地质、地球物理、地球化学及其他探矿工程资料编制出钻孔理想柱状图，提供钻进时要戳穿的岩（矿）层厚度、换层深度、岩性特点、岩石硬度、裂隙发育情况、涌水、漏水等资料，以备钻探人员施工时能针对具体情况采取必要的技术措施。同时，要提出对钻探的质量要求（如岩心、矿心的采取率等）。合理的开孔、终孔直径、钻孔方位、开孔倾角、允许弯曲度、测深以及测斜等要求。

第一个钻孔施工后获得的新资料，应作为修改邻近新钻孔设计的依据，指导新钻孔的正确施工，如此渐进，以使每一个钻孔的设计尽可能符合实际，获得最大效果。

二、钻探编录

（一）概述

1.常用术语解释

回次（round trip）：指在钻孔施工中，将钻具下入孔底进行钻进直至将钻具提出孔外，这样一个循环，称为一个回次。

进尺（footage）：钻进深度的度量，基本单位为m，作为钻探或钻井工程的工作量指标，用以表示工程的计划工作量和实际完成的工作量，或借此核算工程的单位成本等。实际工作中，则按每台钻机或井队的班进尺、日进尺、月进尺、年进尺、平均进尺、总进尺等方式分别表示计划和已完成的工作量。此外，还以钻头进尺（即新钻头从开始钻进到磨损报废为止共钻进的深度）来评价钻头的寿命。在钻孔编录中常常涉及累计进尺和回次进尺的概念。

累计进尺等于孔深，可由下式计算

孔深（m）＝钻具总长－机高－机上余尺 (2-1)

或孔深（m）＝回次前孔深＋（回次前机上余尺－回次后机上余尺） (2-2)

式中，钻具总长＝钻头长＋岩心管长＋异径接头长＋孔内钻杆柱长＋机上钻杆长；机高是指孔口地面到丈量机上余尺时钻机上的固定位置处的距离；机上余尺是指从钻机上固定位置至机上钻杆上端的长度。

回次进尺由下式计算

回次进尺（m）＝钻具总长－回次前孔深－机高－回次后机上余尺 (2-3)

或回次进尺（m）＝回次初机上余尺－回次后机上余尺 (2-4)

岩（矿）心米取率（core recovery）：岩（矿）心采取率是指实际采取的岩（矿）心长度或岩屑体积（重量）除以该取心（或取岩屑）孔段实际进尺或体积（重量）并以百分率表示。在一个回次进尺内的采取率称为回次岩心采取率，在某一岩层内的采取率称为分层岩心采取率。岩心采取率是衡量钻探或钻井工程质量的一项重要指标。

钻孔弯曲（hole deflection）：又称孔斜，是指在钻进过程中，已经钻成的孔段轴线与原设计轴线之间所产生的偏移。孔斜是衡量钻探或钻井工程质量的一项重要指标。

钻孔实际轨迹偏离原来设计轨迹时，对钻探成果、特殊工程效果以及钻孔施工本身都会造成危害。在钻探成果方面，可能歪曲地质体（包括矿体）的产状，误定矿体厚度，甚至可能导致预计的钻探目标落空，还可能改变勘查网度从而导致对地质构造的判断失误，影响对矿体的控制程度和资源量/储量估算精度。在钻探施工方面，孔斜会造成钻具与孔壁摩擦力增大、钻杆折断事故增多、钻具升降困难、功率消耗上升、钻进速度下降以及岩心采取率降低等。钻孔弯曲值的大小称为钻孔弯曲度，如果钻孔弯曲度超过允许范围，则需要进行纠斜甚至重新钻孔，造成重大的经济损失。根据中国地质调查局规定：垂直钻孔允许顶角每100m弯曲2°，斜孔每100m弯曲3°，按孔深累计计算；方位角偏差一般不超过勘查网的1/

3～1/4，要求在钻进时必须根据岩层情况，每钻进一定深度即测量一次，以便及时发现和采取纠正措施，并根据孔斜测量结果校正地质剖面图。

钻孔顶角（zenithal angle of hole）：钻孔轴线上某一点的切线与通过该点铅垂线间的夹角，称为该点或该孔深处的钻孔顶角，它是确定钻孔在地下空间位置的一项参数。

钻孔倾角（dip angle of hole）：钻孔轴线上某一点的切线与包括该点的水平面之间的夹角，称为该点或该孔深处的钻孔倾角，它与钻孔顶角互为余角。

钻孔方位角（azimuthal angle of hole）：自钻孔轴在水平面投影上的某点指北方向起，顺时针方向与通过该点切线之间的夹角，称为该点或该孔深处的钻孔方位角，它是确定钻孔在地下空间位置的一项参数。

2.钻探阶段

矿产勘查过程中采用钻探大致可分为初步钻探和详细钻探两个阶段，每个阶段钻探所要求的地质信息量是不同的。

初步钻探阶段是在普查和详查阶段实施的钻探项目。这一阶段钻探的目的旨在加深对勘查靶区的地质认识和矿化潜力的评价，其中，最关键的目标是在地下发现和确定矿体或矿化带。这是勘查靶区钻探最关键的阶段，钻探地质编录过程常常比较困难，因为地质人员对钻探所揭露的岩性还不熟悉，而且难于知道在岩心中观察到的许多特征中究竟哪些特征可以在钻孔之间相关联，岩心所反映出的特征对于矿化的识别是至关重要的，如果不能识别矿化，则可能导致漏掉矿体。显然，尽管第一批施工的钻孔数可能不多，但所要求钻孔能够提供的信息量要达到最大，而且要求对岩心的观测和记录尽可能的详细。根据经验，地质人员在对矿化岩石进行编录时，每小时编录的岩心长度不要超过5m，应当详细观测岩心中出现的每一个面。

详细钻探阶段相当于勘探阶段实施的钻探项目。这一阶段已经基本上确立了矿体的存在，实施钻探的目的主要是建立矿床的经济参数（如品位和吨位等）以及工程参数（如矿体的形态、产状、埋藏深度等）。当勘查项目进入到此阶段时（大多数勘查项目都未能达到这一阶段），主要地质问题都基本上已经明了，地质人员应当对勘查区的情况已经心中有数。同时，这一阶段钻探工作量很大，将获得大批量的岩心，从而对钻探编录的要求是快速准确地收集和记录大量的标准数据。

从钻孔中获得的信息来自于以下几方面：岩心（或岩屑）、孔内地球物理测量、钻孔弯曲测量等。在本节中我们重点讨论钻孔地质编录，但是，负责钻孔编录的地质人员必须熟悉所有来源的信息。

3.岩心采取率及采取质量的要求

有效的岩心采取率是必须达到的，如果岩心采取率小于85%～90%，那么，该段岩心的价值是值得怀疑的，因为该段岩心不能很好地代表所穿透的岩石，也即它不是一个真样品，而且容易误导。尤其是矿化和蚀变岩石部位在钻进过程中常常最容易破碎，易于被研磨而损失。

除了保证达到有效的岩心采取率外，还要求钻探过程中岩心应有较好的完整程度，避免钻进和采心过程中对岩心的人为破碎、颠倒和扰动，尽量保持岩心的原生特征。为了提高岩心采取质量，必须根据岩层特点，正确地选定钻进方法、取心工具，确定适宜的钻进规程和操作方法。

（二）钻孔编录前的准备工作

在钻探期间，尤其是在初步钻探阶段，任何一个钻孔在编录前都要进行许多工作。

1.编制钻孔周围地表地质图：钻探开始之前，尽可能详细编制钻孔周围地表地质图（比例尺为1：1000或更大），最好的方式是岩心编录比例尺与地表地质图可以比较，不过，由于地表露头常常发育不良，致使地表地质图比例尺通常小于钻孔编录的比例尺。

2.编制钻孔预测剖面图：根据地表地质图编制钻孔预测剖面图。

3.编制勘查线预测剖面图：根据地形图和地表地质图编制勘查线预测剖面图，图中标绘出设计钻孔的位置以及所有已知的地表地质、地球化学和地球物理特征，必要时，将这些资料投影到钻孔预测剖面图中。

4.根据这些剖面图，预测钻孔与重要地质要素相截的位置。编写钻孔设计说明书，在说明书中应当包含这些预测结果。这一过程促使项目地质人员能够充分考虑两个重要的问题：（1）我为什么要钻这个孔？（2）我期望通过这个孔发现什么？

（三）钻孔定位

钻机必须精确地按设计的钻孔方位角和倾角安置。为了保证正确地安装钻机，建议采用下述步骤：

1.用木桩标出钻孔孔口的大致位置。

2.用推土机或人工平整场地并挖好蓄水池。钻机场地面积为边长15～20m的方形。

3.原有木桩此时通常已不存在，因而必须重新用木桩标定钻孔方位。孔位的定位误差在1m左右都是允许的，关键是在钻探结束后精确地测定井口的实际坐标。

4.在木桩上标出钻孔编号、方位角和倾角。

5.在孔位的任一边20～50m的距离以设定前视和后视木桩的方式确立钻孔设计的方位角，钻工将依据这些标志安装钻机。注意必须让钻工们明确知道哪一个是前视木桩、哪一个是后视木桩。

6.钻机安装完毕后，在开钻之前，还应再用罗盘和测斜仪检验钻孔的方位角和倾角。

（四）岩心整理及鉴定

1.岩心整理

每一回次取出的岩心必须及时整理，其要求如下：

（1）钻探记录员应将每次取出的岩心洗净，然后按上下顺序从左至右装入岩心箱内，并填写回次岩心牌，说明回次编号、岩心名称、本回次起止深度、岩心采长和所代表的孔段位置以及孔底残留岩心情况。对重要的岩心，应交地质人员进行复查与保管。

（2）换层岩心装箱时，须在两层岩心之间置以换层隔板及层次岩心牌。

（3）凡长度大于50mm和少数长度虽小于50mm但仍完整的岩心，都应统一编号和并填写岩心牌，并且用油漆在岩心上表明孔号及本块岩心编号。岩心编号用代分数表示：分数前面的整数代表回次号，分母为本回次中有编号的岩心总块数，分子为本回次中第几块编号的岩心。例如，某孔中第5回次有7块编号的岩心，其中第3块编号为$5\frac{3}{7}$。

（4）在岩心箱一侧写明矿区名称、孔号、岩心起止号码及岩心顺序号等。

2.岩心鉴定要求

观测岩心最好是在明亮的自然光下进行，如果阳光太强，天气太热，可在一把浅色的遮阳伞下观测；若因天气太冷或下雨不能在室外编录，室内应尽可能有大的窗户。编录的岩心箱应放在舒适高度的盘架上，岩心应清洗干净，而且湿的岩心能够更清晰地展示出地质特征。观测岩心时一般使用放大镜，有条件时也可配备一台双目镜。编录时要详细记录主要的构造特征（如裂隙间距和裂隙方位）、岩性描述（包括颜色、结构、矿物成分、蚀变特征、岩石命名等），以及其他细节，如岩心采取率以及岩心损失过大（如大于5%时）的位置。这种描述应当是系统的，而且应当尽可能地定量描述。

矿产勘查部门一般都有岩心编录的标准格式以及描述地质特征的专门术语。中国地质调查局2001年颁布的《固体矿产钻孔数据库工作指南（试用）》中详细规定了建立固体矿产数据库的有关引用标准、数据采集原则、工作流程、编录表格、数据内容、数据文件格式、词典定义标准，以及质量保证要求等。

在比较舒适的自然环境下观测岩心，首先遇到的问题是岩心上可能观测到的细节是如此之多，以至于很难确定主要地质特征的界线，换句话说，容易出现"见木不见林"的情况。为了克服这一点，比较好的方式是随着岩心的钻取，先初步编制一份全孔的总结性的编录。这种第一轮的岩心扫视确定是否存在有关矿化的任何直接的、最重要的地质特征，而且，如果存在矿化，能够提供直接开始对化学分析取样的控制；同时，总结性编录应确定出钻孔穿过的主要地质界线和构造，并给出下一步拟进行更详细编录的岩心范围。对岩心多次编录是非常必要的，因为岩心中隐藏着大量的信息，每次编录肯定都会有新的发现和认识。

根据许多地质人员体会，对一定长度范围的岩心分别观测其岩性、构造、矿化和围岩蚀变等特征比试图同时观测和记录这些特征更容易些；而且，如果诸如测量岩心采取率或转换方位标志之类的日常工作由有经验的野外钻探技术人员完成，那么，地质人员的编录工作将会更顺畅些。

地层分层要慎重，既要看整个岩心的变化，也要仔细研究分析钻探日志中记录的钻进速度的变化、钻工的操作感觉、冲洗液的颜色和消耗量的变化、孔壁坍塌和加固情况，以及钻进过程的描述等。

注意含水层及地下水位的鉴定。如果做提水、抽水、压水或注水试验时，应将其试验结果进行比对。

岩心编录是在现场进行，应随着钻孔的进度及时做好编录工作，不可拖延，否则会失去指导钻探进程的意义、造成不必要的经济损失。诸如加深或中止钻进以及确定下一个开钻的钻孔之类的重大决策可能必须在钻进过程中作出。

除了对岩心进行地质描述外，还要对岩心进行各种用途的采样。在初步钻探阶段，岩心的取样部位应该根据地质特征来确定，由地质人员选定取样部位并在编录时在岩心上标示清楚；取样部位的边界应尽可能与地质人员观测或推测的矿化界线一致。如果所取岩心相对比较均匀时则应按一定的长度（一般以1m长度作为一个样品）采取规则样品，采样时采用金刚石锯或岩心劈分机将岩心分成近于相等的两半，其中一半送交化学分析或作其他研究用，另一半放回岩心箱内作为记录保存。在岩心损失的部位，取样区间不应跨越发生岩心损失的岩心段，譬如说，把岩心采取率为100%的样品与岩心采取率只有70%的样品混在一起，实质上是用质量差的样品影响质量好的样品。

显然，构造特征的记录必须在岩心劈分之前就应当完成。比较好的做法是在编录前对湿岩心进行拍照，这样，随着钻孔的进程，可以拍摄一套从顶到底的全孔岩心柱的永久性原始照片记录。所获得的岩心花费了如此高昂的代价，因而，保存好这些岩心供以后检验是合理的。诚然，长期保存岩心涉及时间、空间和费用的问题，钻孔位置可能会消失，但其所含信息的价值是重要的，尤其是在一些重要的矿区内。原地质矿产部1992年颁发的（DZ/T 0032—92）详细规定了地质勘查钻探岩矿心（含岩屑，下同）的现场管理、缩减处理、移交入库和库房管理的细则。

在不取岩心钻进过程中，岩屑和岩粉一般按2m的间距进行采集，在现场干燥后装袋。岩屑和岩粉经清洗后，采用放大镜或双目镜即可相对容易地进行观测；样品还可以进行淘洗以获取人工重砂样品。同样，对岩屑和岩粉样品的描述必须是系统的和定量化的。

（五）岩心采取率及换层深度的计算

1.岩心采取率的计算

从钻孔内提取岩心时，钻下的岩心有可能不能全部取出，这部分未能取出而残留在孔内的岩心根部称为残留岩心。由于残留岩心位于每回次的底部，磨损消耗不大，所以，理论上认为本次残留岩心长度与本次残留进尺相等。因此，回次岩心采取率的计算有以下两种情况。

（1）无残留岩心的情况，回次岩心采取率的计算公式为

$$回次岩心采取率＝本回次所取岩心长度÷本回次进尺×100\% \tag{2-5}$$

$$分层岩心采取率＝本分层岩心总长÷本分层进尺总长×100\% \tag{2-6}$$

（2）若回次岩心采取率超过100%，即回次岩心长度大于回次进尺时，一般为残留岩心所致。残留岩心的长度一般以施工人员测量为准，当未进行残留岩心测量或残留岩心测量不准，使其岩心长度大于进尺时，根据（DD 2006—1）规范，残留岩心可按下面办法由编录人员进行处理。

在岩心完整时，以本回次岩心采取率为100%计，将超出部分推到上回次计算，如继续超出可继续上推，最多只能上推三个回次。

第9回次进尺4m，岩心长4.9m，大于该回次进尺0.9m的岩心作为残留向上推到第8回次（第9回次采取率现为100%）。

第8回次原进尺4.5m，岩心长4.2m，现加上第9回次上推的0.9m残留岩心，则岩心长为4.2+0.9=5.1m，超过进尺0.6m继续上推至第7回次，则第8回次采取率现为100%（该回次原采取率93%应更正为100%）。

第7回次原进尺4m，岩心长2.9m，采取率73%，现加第8回次上推的0.6m残留岩心，则岩心长为2.9+0.6=3.5m，采取率为88%，岩心长度小于进尺，无残留上推，至此，第9回次残留岩心处理完毕（第7回次原采取率73%，应更正为88%）。如残留岩心处理中，上推三个回次后继续超出，应寻找原因，再作处理。

如岩心破碎为砂状、粉状和不在同一岩性中钻进而用反循环采心工具采取的岩心，一般不允许上推。

对于有残留岩心的情况，回次岩心采取率计算公式为

回次岩心采取率=本次提取岩心÷（本回次进尺－本次孔底残余进尺+上次孔底残余进尺）×100%　　　　　　　　　　　　　　　　　　　　　　（2-7）

2. 换层孔深的计算

从一个分层变换为下一个分层时称为"换层"，换层时所处钻孔深度称为换层孔深。根据换层所处位置不同，分为：回次内换层孔深、回次间换层孔深及空回次换层孔深三种情况计算换层孔深。

（1）回次内换层孔深。某一回次内换层时的换层孔深的计算式：

$$回次内换层孔深 = 上回次止孔深 + \frac{本回次上层岩心长}{本回次岩心采取率} \tag{2-8}$$

（2）回次间换层孔深。在两个回次之间换层时，其换层孔深等于上回次终止孔深，若有残留岩心时，则应减去上回次残留岩心长。

（3）空回次换层孔深。未取得岩心的回次称为空回次，若在空回次换层，其换层孔深等于上回次终止孔深加上空回次进尺的1/2，也可根据上下层岩石的相对硬度、破碎情况确定合适的比例。

3. 测量标志面与岩心轴夹角

岩心轴夹角是岩心轴与各种面（层面、断裂面、节理面、片理面等）的夹角，它是了解地层、矿层（体）、岩（矿）脉以及地质构造的倾角以及编制地质剖面图、计算地层和矿层（体）厚度的基础数据。通常用量角器法测量获得岩心轴夹角，步骤如下。

首先找出要测量的标志面在岩心上的总体方向，找出标志面在岩心上的最高与最低点（可用红、蓝铅笔画一条线），如图2-1中AB；将岩心柱面（图中CD）紧靠岩心隔板；将量角器的零度边（图中ab）与标志面（AB）平行，同时将量角器的0点与标志面（AB）同岩心柱面（CD）的交点（0）重合；读出岩心柱面在量角器上的读数（70°）即为岩心轴夹角。

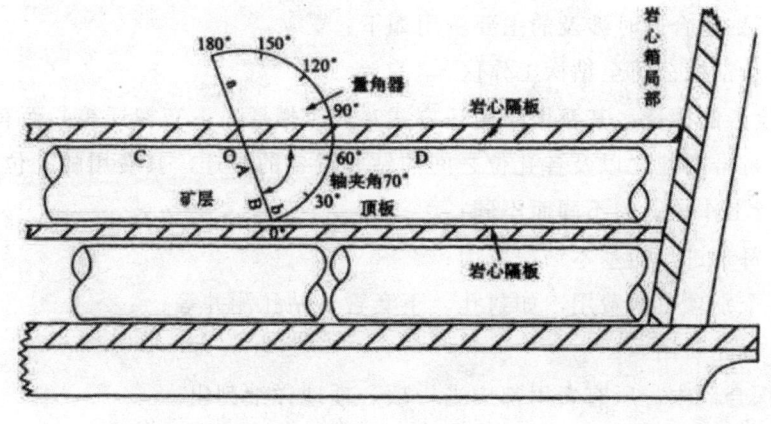

图2-1 测量岩心轴夹角示意图

（六）钻孔弯曲的投影

钻孔在施工过程中，由于某些地质因素（如地层产状的变化、岩石硬度差异、遇到断裂构造等）和技术原因（如钻机立轴不正、钻进压力不当、定向管过短等），致使钻孔轴线的实际方向偏离设计的钻孔轴线，造成钻孔弯曲，尤其在斜孔施工中钻孔弯曲的现象最为常见。

为了掌控钻孔轴线位置的变化，及时预防和纠正孔斜，钻进过程中应按要求对钻孔进行测量。一般超过100m深度的垂直钻孔要求每钻进50m测量一次，斜孔每25m测量一次。采用投影方法把钻孔测量数据投影到勘探线剖面图上的作图技术，称为钻孔弯曲投影或钻孔弯曲校正。

只要获得钻孔测量的观测数据，就应当立即根据这些数据绘制钻孔轴线在剖面和平面上的投影图，通过这种图件可以了解钻孔到达设计目标的进度和效果。如果出现偏斜，钻工们可以及时采取纠斜措施解决这个问题。

现在，只要把钻孔测量数据输入到计算机内，在专用的勘查软件中通常都有完成钻孔弯曲投影任务的功能。然而，在勘查钻进过程中，为了及时指导钻探，一般都是在现场用手工绘制，而且，这种图件很容易完成，我们将在课程设计中学习这种投影方法。

三、钻探合同

钻探任务可由地质队或勘查公司自己所属的钻探部门完成，也可与专门的钻探公司签约承包。如果是签约承包，则需要在承包合同中详细规定钻进条件、所要求的工作量以及费用等。钻探的目的是要以较低的成本获得勘查目标的代表性样本，因此，钻探设备的选择是很关键的。如果不了解钻进条件，那么，在任何大规模钻探工作开始之前，应尽可能地事先进行试验性钻探，目的是对不同钻探方法进行比较，从而确定最适宜的钻探技术。

在签订钻探合同时涉及的主要费用如下：

（一）从钻探公司至钻探工作区

钻井设备的搬迁，其费用随搬迁方式（人工搬迁、汽车搬迁等）而有所不同；

（二）机台的建立以及各孔位之间的钻井设备的搬迁，其费用随孔位之间的搬迁距离以及工作地区的不同而不同；

（三）每米进尺的基本钻探费用；

（四）个别项目的费用，如封孔、下套管、钻孔测井等；

（五）拆迁费用。

在钻探合同中，所有费用都应当一项一项地详细列出。

对于客户（勘查部门）制定的技术要求，比方说，岩心采取率大于90%、垂直钻孔的偏斜小于5°等，钻探公司需要仔细考虑能否接受这些要求。如果接受这些要求但实际工作中未能满足时，钻探公司必须对此承担责任。

工程进行时，钻工们每个班在交班时都要填写工作报表（日志），报表中要详细描述本班所完成的进尺以及存在的问题，由地质人员检验后在报表上签名。最后付款时就是根据这些报表核实合同的完成情况。在钻工和勘查部门派往钻井现场的代表（负责钻孔质量监督和编录的地质人员）之间关注点有所不同，钻工们可能只强调每个班的钻探进尺，而地质人员更关心的是岩心采取率和该钻孔所要揭露的预测目标。因此，负责钻探编录的地质人员应该全面熟悉合同条款以及钻进过程中可能出现的问题。

钻探工程的成果体现在最终报告中，这类报告可由以下几部分组成：1.钻探过程中的技术记录、岩心采取率以及技术问题；2.附有地质平面图和勘查线剖面图的钻孔柱状图；3.岩石和矿石分析的地质记录；4.地球物理测井。成功的探矿工程可以提供勘查区地质、矿床、矿石品位以及吨位的三维图像。

第三章 煤矿工程勘查阶

第一节 基础概述

一、矿产勘查标准化

（一）标准化

标准化（standardization）是在经济、技术、科学及管理等社会实践中，对重复性事物和概念通过制订、发布和实施标准达到统一，以获最佳秩序和社会效益。

标准化的目的之一，就是在企业建立起最佳的生产秩序、技术秩序、安全秩序、管理秩序。企业每个方面、每个环节都建立起互相适应的成龙配套的标准体系，就使每个企业生产活动和经营管理活动井然有序，避免混乱，克服混乱。"秩序"同"高效率"一样也是标准化的机能。标准化的另一目的，就是获得最佳社会效益。一定范围的标准，是从一定范围的技术效益和经济效果的目标制定出来的。因为制定标准时，不仅要考虑标准在技术上的先进性，还要考虑经济上的合理性。也就是企业标准定在什么水平，要综合考虑企业的最佳经济效益。因此，认真执行标准，就能达到预期的目的。一些工业发达国家把标准化作为企业经营管理，获取利润，进行竞争的"法宝"和"秘密武器"。特别是一些著名公司，往往都建立企业标准化体系，以保证他的利润和竞争目标的实现。

（二）标准

标准（standard）是对重复性事物和概念所做的统一规定。它以科学、技术和实践经验的综合成果为基础，经有关方面协商一致，由主管机构批准，以特定形式发布，作为共同遵守的准则和依据。根据中华人民共和国标准法第六条规定：

标准的级别分为国家标准、行业标准、地方标准、企业标准四级。

（三）规范

规范（specification）是对勘查、设计、施工、制造、检验等技术事项所作的一系列统一规定。根据国家标准法的规定，规范是标准的一种形式。

（四）地质矿产勘查标准

我国地质矿产勘查标准化工作始于 20 世纪 50 年代，按照统一和协调的原则，分别由各部门制定了一系列关于地质矿产勘查的标准和规范规程，初步统计已达上百种，其中固体矿产勘查规范已达 45 种，涉及 84 个矿种，形成了一个独立的体系，并且已进入了国家的标准化管理体系。大部分的这些标准都可以在中国地质调查局、中国矿业网，以及中国矿业联合会地质矿产勘查分会等相关网站上查阅。

二、矿产勘查阶段的基本概念

矿产勘查工作是一个由粗到细，由面到点，由表及里，由浅入深，由已知到未知，通过逐步缩小勘查靶区，最后找到矿床并对其进行工业评价的过程。

也就是说，一个矿床，从发现并初步确定其工业价值直至开采完毕，都需要进行不同详细程度的勘查研究工作。为了提高勘查工作及矿山生产建设的成效，避免在地质依据不足或任务不明的情况下进行矿产勘查、矿山建设或生产所造成的损失，必须依据地质条件、对矿床的研究和控制程度，以及采用的方法和手段等，将矿产勘查分为若干阶段，这种工作阶段称为矿产勘查阶段。

每个阶段开始前都要求立项、论证、设计、施工，而且在工程施工程序上，一般也应遵循由表及里，由浅入深，由稀而密，先行铺开，而后重点控制的顺序。每个阶段结束时都要求对研究区进行评价、决策、提出下一步工作的建议。

矿产勘查过程中一般需要遵守这种循序渐进原则，但不应作为教条。在有些情况下，由于认识上的飞跃，勘查目标被迅速定位，则可以跨阶段进行勘查；反之，如果认识不足，则可能会返回到上一个工作阶段进行补充勘查。

三、矿产勘查阶段的划分

矿产勘查阶段的划分是由勘查对象的性质、特点和勘查实践需要决定的，或者说是由矿产勘查的认识规律和经济规律决定的。阶段划分的合理与否，将影响矿产勘查和矿山设计以及矿山建设的效率与效果。

（一）国外矿产勘查阶段的划分

在联合国 1997 年和 2004 年推荐的矿产资源量/储量分类框架中，勘查阶段划分为：1.预查（reconnaissance）；2.普查（prospecting）；3.一般勘探（general exploration）；4.详细勘探（detailed exploration）。世界各国的矿产勘查总的说来也都相应地大致遵循这几个阶段。然而，不同的国家以及各国不同采矿（勘查）公司之间勘查阶段的划分又有一定的差异。下面以 Rio Tinto 公司下属的 Kennecott 勘查公司采用的划分方案为例来进行说明。

第一阶段：矿产资源潜力评价（assessment of potential）

本阶段的目的是要确定研究区内是否具有寻找目标矿床的潜力。工作内容主要涉及对有关研究区的现有资料的收集和评价，包括过去的开采历史、公益性地质图、卫星影像等资料，并选择交通方便的露头区进行实地地质考察。如果地质人员认为该区有一定的潜力，则需要向当地社团咨询，讨论和评价未来的勘查和开采对局部环境的影响。本阶段需要花数周的时间和数千美元。

第二阶段：区确认（target identification）

如果某个地区经过评价认为是有利的，那么，该区的勘查可以转入靶区确认阶段。本阶段可能采用航空地球物理测量，还可能采用河流沉积物、土壤，以及岩石地球化学取样。在这一阶段期间，至关重要的是要获得勘查许可证或矿权。本阶段需要花数月的时间和数万美元。勘查结果的成功率为10%，放弃该项目的概率为90%。

第三阶段：耙区验证（target testing）

本阶段一般是采用钻探验证，需要花数月的时间和数十万美元。

第四阶段：评价阶段（evaluation phase）

如果所勘查的矿床可能是以值得开采的质和量存在，那么，该远景区就可转入评价阶段。这一阶段主要采用详细钻探方法来证实矿床的吨位、品位、几何形态和特征。本阶段的后期要求进行可行性研究。这一阶段需要数年的时间，耗资数百万美元。

勘查过程每深入一步，勘查成本迅速增加，而且完成项目的时间需要更长。

（二）我国矿产勘查阶段的划分

普查：是对可供普查的矿化潜力较大地区、物化探异常区，采用露头检查、地质填图、数量有限的取样工程及物化探方法开展综合找矿。对区内地质、构造特征达到相应比例尺的查明程度；对矿体形态、矿石质量、矿石加工技术条件和矿床开采技术条件做到大致查明、大致控制的程度；矿体的连续性是推断的。通过概略研究，最终应提出是否有进一步详查的价值，或圈定出详查区范围。

详查：是对普查圈出的详查区通过大比例尺地质填图及各种勘查方法和手段，进行比普查阶段更密的系统取样，基本查明地质、构造、主要矿体形态、产状、大小和矿石质量，基本确定矿体的连续性，基本查明矿床开采技术条件，对矿石的加工选冶性能进行类比或实验室流程试验研究，对新类型矿石和难选矿石应进行实验室扩大连续试验，在详查所获信息的基础上开展概略研究，作出是否具有工业价值的评价。必要时圈出勘探范围，并可供预可行性研究、矿山总体规划和作矿山项目建议书使用。对直接提供开发利用的矿区，其加工选冶性能试验程度，应达到可供矿山建设设计的要求。

勘探：是对已知具有工业价值的矿床或经详查圈出的勘探区，通过加密各种采样工程，其间距足以肯定矿体（层）的连续性，详细查明矿床地质特征，确定矿体的形态、产状、大小、空间位置和矿石质量特征，详细查明矿床开采技术条件，对矿产的加工选冶性能进行实验室流程试验或实验室扩大连续试验，新类型矿石和难选矿石应作实验室扩大连续试验，必要时应进行半工业试验，在勘探所获信息的基础上开展概略研究，为可行性研究或矿山建设设计提供依据。

第二节　普查阶段

矿产普查的工作比例尺一般在1：10万～1：1万，主要采用的方法包括相应比例尺的地球物理、地球化学、地质填图、稀疏的勘查工程等。

一、矿产普查的目的和任务

根据中国地质调查局工作标准《固体矿产普查暂行规定》（DD 2000—02），矿产普查的目的是对预查阶段提出的可供普查的矿化潜力较大地区和地球物理、地球化学异常区，通过开展面上的普查工作、已发现主要矿体（点）的稀疏工程控制、主要地球物理、地球化学异常及推断的含矿部位的工程验证，对普查区的地质特征、含矿性和矿体（点）作出评价，提出是否进一步详查的建议及依据。

其任务是在综合分析、系统研究普查区内已有各种资料的基础上，进行地质填图，露头检查，大致查明地质、构造概况，圈出矿化地段；对主要矿化地段采用有效的地球物理、地球化学勘查技术方法，用数量有限的取样工程揭露，大致控制矿点或矿体的规模、形态、产状，大致查明矿石质量和加工利用可能性，顺便了解开采技术条件，进行概略研究，估算推断的内蕴经济资源量（333）等。必要时圈出详查区范围。

二、矿产普查要求的地质研究程度

本阶段的勘查程度要求搜集区内地质、矿产、物探、化探和遥感地质资料，通过适当比例尺的地质填图和物探、化探等方法及有限的取样工程，大致查明普查区的成矿地质条件，大致查明矿体（层）的形态、分布、规模、产状和矿石质量，推断矿体的连续性，大致了解矿床开采技术条件，对矿石加工选冶性能进行类比研究，最终提出是否具有进一步详查的价值，并圈出可供进一步开展详查工作的范围。

（一）地质研究程度

在预查工作和搜集区内各种比例尺的区域地质调查资料的基础上，视研究程度和实际需要开展地质填图工作。对区内地层、构造和岩浆岩的产出、分布及变质作用等基本特征的查明程度，应达到相应比例尺的精度要求。

全面搜集区内各种地质资料和研究成果，注重搜集和研究区内与矿体（点）形成有内在联系的成矿地质条件资料进行分析。与沉积有关的矿产应着重搜集研究沉积环境方面的资料及含矿岩层（系）的产出、层位、层序和岩石组合等资料；与岩浆活动有关的矿产应着重搜集研究岩石类型、围岩及接触关系、蚀变特征等方面的资料；与变质作用有关的矿产应着重搜集研究变质作用及其产物的物质组成和空间展布等方面的资料；对主要（控矿）构造应大致查明其性质、规模、分布及与矿化的关系。

（二）矿产研究

依据区内矿产、地球物理、地球化学和重砂矿物、遥感影像特征，结合区域成矿地质背景、已有矿产资料、矿山生产资料、矿化类型、蚀变分带、分布特点、矿体的展布特征、矿石的物质组成，矿石矿物、脉石矿物、结构构造、矿石品位、有关物理化学性质及有害组分含量；对重点解剖的主要矿体（点），充分运用区域成矿规律和新理论进行深入研究，指导区内的找矿工作。注重综合评价，应了解共、伴生矿产及其品位和质量，并研究其分布特点。

（三）开采技术条件研究

顺便了解与矿山开采有关的区域和测区范围内的水文地质、工程地质、环境地质条件。矿化强度大、拟选为详查的地区，当水文地质条件复杂或地下水丰富时，应适当进行水文地质工作，了解地下水埋藏深度、水质、水量及与矿体（点）的关系、近矿岩石强度等。

（四）矿石加工技术选冶性能试验

对已发现矿产应与同类型已开采矿产的矿石物质组成、结构构造、嵌布特征、粒度大小、品位、有害组分等进行类比，并就矿石加工选冶的可能性作出评述；对无可比性的矿石应进行可选（冶）性试验或加工技术性能试验。

对有找矿前景的全新类型矿石，应先进行专门的矿石加工技术选冶性能试验研究，为是否需要进一步工作提供依据。

三、矿产普查的控制要求

普查工作重在找矿，要求对整个普查区的矿产潜力作出评价。通过对面上工作各种资料的全面综合分析研究和对矿体（点）进行数量有限的取样工程，大致了解矿石质量和利用可能性，有依据地估算矿产资源的数量，最终提出是否具有进一步详查的价值，圈定出详查区范围。

普查阶段一般应填制1：5万地质图，地质条件复杂、测区范围小、找矿前景大时可填制1：2.5万地质图。对矿化明显的局部地段，为满足施工工程、控制矿体（点）、估算矿产资源数量的要求，可填制1：1万～1：2000地质简图。

对发现的矿体，地表用稀疏取样工程、深部有极少量控制性工程证实，大致控制其规模、产状、形态、空间位置，并分别详细记录矿体实测和有依据推测的规模、长度、厚度及可能的延深。

四、矿产普查技术方法

（一）测量工作

必须按规定的质量要求提供测量成果。工程点、线的定位鼓励利用GPS技术，提高测量工作质量和效率。

（二）地质填图

地质填图尽可能使用符合质量要求的地形图，其比例尺应大于或等于地质图比例尺，无相应地形图时可使用简测地形图。地质填图方法要充分考虑区内地形、地貌、地质的综合特征及已知矿产展布特征，对成矿有利地段，要有所侧重。对已有的不能满足普查工作要求的地质图，可根据普查目的要求进行修测或搜集资料进行修编。

（三）遥感地质

要充分运用各种遥感资料，对区内的地层、构造、岩体、地形、地貌、矿化、蚀变等进行解释，以求获得找矿信息，提高普查工作效率和地质填图质量。

（四）重砂测量

对适宜运用重砂测量方法找矿的矿种，应开展重砂测量工作，测量比例尺要与地质填图比例尺相适应。对圈定的重砂异常，根据需要择优进行检查验证，作出评价。

（五）地球物理、地球化学勘查

应配合地质调查先行部署，用于发现找矿信息，为工程布置、资源量估算提供依据，根据普查区的具体条件，本着高效经济的原则合理确定其主要方法和辅助方法。比例尺应与地质图一致，对发现的异常区应适当加密点、线，以确定异常是否存在和大致形态。

对有找矿意义的地球物理、地球化学异常，结合地质资料进行综合研究和筛选，择优进行大比例尺的地球物理和（或）地球化学勘查工作，进行二级至一级异常的查证。当利用物探资料进行资源量估算时，应进行定量计算。验证钻孔和普查钻孔应根据具体地球物理条件，进行井中物探测量，以发现或圈定井旁盲矿。

（六）探矿工程

根据已知矿体（点）的信息和地形、地貌条件，各类异常性质、形态、地质解释特征以及技术、经济等因素合理选用。

探矿工程布设应选择矿体和含矿构造及异常的最有利部位。钻探、坑道工程，应在实测综合剖面的基础上布置。

（七）样品采集、加工

样品的采集要有明确的目的和足够的代表性。

普查阶段主要采集光谱样、基本分析样、岩矿鉴定样、重砂样、化探样及物性样等。有远景的矿体（点）还应采取组合分析样、小体重样等。必要时采集少量全分析样。

样品的加工应遵循切乔特公式（$Q=Kd^2$）的要求，K值可取经验值。样品加工损失率不大于3%，砂矿样品应由合格的淘洗工在现场使用能回收尾砂的容器中进行。对尾矿砂要反复淘洗，所得重砂合并为一个基本样品。

基本分析样依据矿种和探矿工程的不同，选择经济合理的取样方法，坑探工程一般应米用刻槽取样的方法，刻槽断面一般为10cm×3cm或10cm×5cm，不适宜刻槽取样的矿种应在设计中规定；钻探工程的矿心样应用锯片沿长轴1/2锯开，取其一半做样品，不得随意敲碎拣块，确保分析结果能反映客观实际。取样规格要保证测试精度的要求，样品的实际重量用理论重量衡量时应在允许误差范围内。

（八）编录

各种探矿工程都必须进行编录。探槽、浅井、钻孔、坑道要分别按规定的比例尺编制。有特殊意义的地质现象，可另外放大表示，图文要一致，并应采集有代表性的实物标本等。

地质编录必须认真细致，如实反映客观地质现象的细微变化，必须随施工进展在现场及时进行。应以有关规范、规程为依据，做到标准化、规范化。

（九）资料整理和综合研究

要贯穿普查工作的全过程。对获得的第一性资料数据应利用计算机技术和GIS技术进行科学的处理，对获得的各类资料和取得的各种成果应及时综合分析研究，结合区内或邻区已知矿床的成矿特征，总结区内成矿地质条件和控矿因素，进行成矿预测，指导普查工作。

普查工作中使用的各种方法和手段，其质量必须符合现行规范、规定的要求，没有规范、规定的，应在设计时或施工前提出质量要求经项目委托单位同意后执行。各项工作的自检、互检、抽查、野外验收的记录、资料要齐全，检查结论要准确。为保证分析质量，普查工作中要由项目组按规定送内、外检样品到有资质的单位进行分析、检查。

五、可行性评价工作要求

普查工作阶段可行性评价工作要求为开展概略研究，一般由承担普查工作的勘查单位完成。概略研究，是对普查区推断的内蕴经济资源量（333）提出矿产勘查开发的可行性及经济意义的初步评价，目的是研究有无投资机会，矿床能否转入详查等，从技术经济方面提供决策依据。

概略研究采用的矿床规模、矿石质量、矿石加工技术选冶性能、开采技术条件等指标，可以是普查阶段实测的或有依据推测的；技术经济指标也采用同类矿山的经验数据。

矿山建设外部条件、国内及地区内对该矿产资源供求情况，以及矿山建设规模、开采方式、产品方案、产品流向等，可根据我国同类矿山企业的经验数据及调研结果确定。

概略研究可采用类比方法或扩大指标，进行静态的经济分析。其指标包括总利润、投资利润率、投资偿还期等。

六、估算资源量的要求

矿产普查阶段探求的资源量属于推断的内蕴经济资源量（333），其估算参数一般应为实测的和有依据推测的参数，部分技术经济参数可采用常规数据或同类矿床类比的参数。当有预测的资源量（334_1）需要估算时，其估算参数是有依据推测的参数。

矿体（点或矿化异常）的延展规模，应依据成矿地质背景、矿床成因特征和被验证为矿体的异常解释推断意见、矿体产状及有限工程控制的实际资料推断。

七、矿产普查工作提交成果

矿产普查工作提交的成果包括地质报告及附图、附件、附表等。

（一）矿产普查地质报告

矿产普查地质报告包括以下主要内容：

1.工作目的任务及完成情况；

2.普查区范围、交通位置及自然经济状况；

3.普查区以往地质工作评述；

4.普查区地质特征，阐述其地层、构造、岩浆岩、变质作用、水文地质条件；

5.普查区地球物理、地球化学特征及解释推断意见，阐述地球物理、地球化学场特征，物探、化探异常描述及验证结果，物探、化探推断（或圈定）矿体的意见；

6.普查区矿产特征，矿化带（点）的分布特征、矿体产出特征、矿石质量等，新发现的矿产地、可供详查的矿产地；

7.普查区含矿性总体评价；

8.普查技术方法及质量评述，地形、工程测量、地质填图、遥感地质、物探、化探、探矿工程、重砂测量、取样与加工、分析测试、资料编录；

9.推断的内蕴经济资源量（333）、预测的内蕴资源量（334$_1$）估算（参数确定、估算原则、估算方法的选择及结果）；

10.可行性概略研究（参照《固体矿产资源/储量分类》GB/17766—1999相关要求，必要时可另册编制）；

11.结论。

（二）矿产普查报告一般应附的文件、表格、图件

矿产普查报告中主要的附件和附表为：地质勘查许可证及工作任务书等；资源量估算指标；矿石可选性或加工技术性能试验资料；地质工作质量验收材料；样品化学分析表；样品内外检结果计算表；有关岩、矿石物性测定表；水文地质调查表；推断的资源量估算表。

主要的附图包括：研究程度图，地形地质图，实际材料图，各种异常图，地球物理，地球化学，遥感推断图，矿产及预测图，主要矿体图件，资源量估算图，以及其他必要图件。

矿产普查项目提交地质成果（包括光盘）应反映客观实际。文字报告应简明扼要、重点突出、文理通顺，文图表吻合，图件编绘应符合有关质量要求。所提交的正式成果，应经项目承担者及技术负责人签字。

第三节　详查阶段

实践证明，预查阶段所发现的异常和矿点（或矿化区）并非都具有工业价值。经过普查阶段的勘查工作后，其中大部分异常和矿点（或矿化区）由于成矿地质条件差、工业远景不大而被否定，只有少数矿点或矿化区被认为成矿远景良好，值得进一步研究。也只有通过揭露研究，肯定了所勘查的靶区具有工业远景后，才能转入勘探。因此，勘探之前针对普查中发现的少数具有成矿远景的异常、矿点或矿化区进行的比较充分的地表工程揭露以及一定程度的深部揭露，并配合一定程度的可行性研究的勘查工作阶段，称为详查。详查阶段的工作比例尺一般在1：2万～1：1000，其目的是确认工作区内矿化的工业价值、圈定矿床范围。

一、详查工作的基本原则

详查阶段在矿床勘查过程中所处的地位决定了它在勘查工作上具有普查和勘探的双重性质，即在此阶段既要继续深入地进行普查找矿，尤其是深部找矿，又要按勘探工作的技术要求部署各项工作。在工作过程中应遵循如下原则。

（一）详查区的选择

在选择详查区时，目标矿床应为高质量矿床，即是要优选矿石品位高、矿体埋藏浅、易开采和加工、距离主要交通线近的矿点作为详查靶区。

详查区可以是经过普查工作圈定的成矿地质条件良好的异常区或矿化区，也可以是在已知矿区外围或深部，经大比例尺成矿预测圈出的可能赋存隐伏矿体的成矿远景地段，值得进行深部揭露。具体选区和部署工程时，可参考下面两种情况：

1.经浅部工程揭露，矿石平均品位大于边界品位，已控制的矿化带连续长度大于50m，而且成矿地质条件有利、矿化带在走向上有继续延伸、倾向上有变厚和变富的趋势的地段；

2.规模大的高异常区，且根据地质、地球物理、地球化学综合分析认为成矿条件很好的地区，有必要进行深部工程验证。

（二）由点到面、点面结合，由浅入深、深浅结合

这里的点是指详查揭露部位，一般范围不大，但所需揭露的部位并不是孤立的，其形成和分布与周围地质环境有着紧密的联系。因此，在详查工作中必须把点与周围的面结合起来，由点入手，利用从点上获得成矿规律的深入认识和勘查工作经验，指导面上的勘查研究工作，同时又要根据面上的研究成果，促进点上

详查工作的深入发展。另一方面，详查工作应先充分进行地表和浅部揭露，然后利用地表和浅部工作所获得的认识指导深部工程的探索和研究。

采用地表与地下相结合、点上与外围相结合、宏观与微观相结合、地质与地球物理以及地球化学方法相结合的研究方式，形成一个完整的综合研究系统，各方面的研究成果互相补充、互相印证。

二、详查设计

详查设计是部署各项详查工作的依据和实施方案，也是检查各项任务完成情况的依据。因此，必须在全面收集工作区内地质、地球物理、地球化学等资料的基础上，科学合理地编制项目设计。

（一）详查设计的一般程序和要求

1.现有资料的综合研究

在全面收集资料的基础上，应对各种资料进行认真的综合整理和分析研究，深入了解详查区内的地质特征及区域地质背景，充分认识各类异常和矿化的赋存条件及分布特征；认真分析前人的工作情况、研究程度、基本认识和工作建议等，总结前人工作的经验和教训，既要充分利用好前人的资料，又需要突破和创新。

2.现场踏勘

为了加深对详查区地质和矿化特征的认识，在室内资料综合分析研究的基础上，设计组全体人员应到野外进行实地踏勘，重点了解工作区内主要的地质构造特征、岩性分布和露头发育程度、各类异常和矿化特征，以及地形地貌、气候和交通条件等，以便科学合理地选择勘查手段和布置工程。

3.编制设计

在资料综合分析和现场踏勘的基础上，针对某些重大问题进行学术研讨，形成工作方案，然后编制设计。详查设计由文字报告和设计附图两部分组成。文字报告的内容一般包括区域地质、详查区地质和矿化特征、勘查手段和工程部署方案的技术思路及其要求、地质研究工作要求、取样工作要求等。在文字报告中应根据已经掌握的地质特征和矿化规律，对设计依据进行充分论证，对各项工作的技术要求进行详细阐述，对预期成果应有充分的估计。

设计附图一般包括区域地质图、详查区地形地质图、勘查工程设计总体布置图、地球物理和地球化学工作设计平面图、坑道勘查设计平面图、钻孔设计剖面图等图件。图件编制要求详见有关规范。

4.设计审批

详查项目设计应在施工前两三个月提交上级主管部门审批。未经批准的设计不得施工；设计一经批准，不得随意更改。如遇情况变化需要更改设计时，应补报上级核准。

（二）详查设计应注意的几个问题

在设计过程中，既要注意对详查工作区进行全面研究，又要重点突破，尽快查明其工业远景以及矿化赋存规律，充分体现由点到面、点面结合，由浅入深、深浅结合的战略战术思想。因而，设计过程中应注意以下几方面问题：

1.勘查工程的布置应有针对性、系统性和灵活性。所谓针对性是指工程揭露的目标要具体，明确揭露对象（如矿化体、控矿构造或岩体等）和穿透部位；第一批工程要布置在最有可能见矿的地段和部位。系统性是指工程布置要考虑勘查项目的发展情况进行总体设计，即按一定的勘查系统布置工程。灵活性是指工程定位时，在不影响设计目的和勘查效果的情况下，其地表实际位置相对于设计位置可适当位移（但最终的成果图上所标定的位置是工程竣工后的位置而不是设计位置），施工顺序也可适当变更。

2.工程的总体设计本着由点到面、点面结合，由浅入深、深浅结合的思想，地表和浅部的揭露要充分，以便掌握规律，预测深部；深部工程应根据浅部工程获得的资料和线索"顺藤摸瓜"，先稀疏控制，再适当加密。

3.设计中要把科学研究纳入项目实施的内容，确定研究专题的目的、任务和要求以及完成期限等。

三、详查工作要求

（一）通过1：1万～1：2000地质填图，基本查明成矿地质条件，描述矿床地质模型。

（二）通过系统的取样工程、有效的地球物理和地球化学勘查工作、控制矿体的总体分布范围，基本控制主矿体的矿体特征、空间分布，基本确定矿体的连续性；基本查明矿石的物质成分、矿石质量；对可供综合利用的共生和伴生矿产进行了综合评价。

（三）对矿床开采可能影响的地区（矿山疏排水位下降区、地面变形破坏区、矿山废弃物堆放场及其可能的污染区），开展详细的水文地质、工程地质、环境地质调查，基本查明矿床的开采技术条件。选择代表性地段对矿床充水的主要含水层及矿体围岩的物理力学性质进行试验研究，初步确定矿床充水的主（次）要含水层及其水文地质参数、矿体围岩岩体质量和主要不良层位，估算矿坑涌水量，指出影响矿床开采的主要水文地质、工程地质，以及环境地质问题；对矿床开采技术条件的复杂性作出评价。

（四）对矿石的加工选冶性能进行试验和研究，易选的矿石可与同类矿石进行类比，一般矿石进行可选性试验或实验室流程试验，难选矿石还应作实验室扩大连续试验。饰面石材还应有代表性的试采资料。直接提供开发利用时，试验程度应达到可供设计的要求。

（五）在详查区内，依据系统工程取样资料，有效的物探、化探资料以及实测的各种参数，用一般工业指标圈定矿体，选择合适的方法估算相应类型的资源量，或经预可行性研究，分别估算相应类型的储量、基础储量、资源量。为是否进行勘探决策、矿山总体设计、矿山建设项目建议书的编制提供依据。

（六）报告编写格式和要求详见中华人民共和国地质矿产行业标准《固体矿产勘查报告格式规定》（DZ/T 0131—1994）。

第四节　勘探阶段

矿产勘探是对已知具有工业价值的矿床或经详查圈出的勘探区，通过加密各种采样工程（其间距足以肯定工业矿化的连续性），详细查明矿体的形态、产状、大小、空间位置和矿石质量特征；详细查明矿床开采技术条件，对矿石的加工选（冶）性能进行实验室流程试验或实验室扩大连续试验；为可行性研究和矿权转让以及矿山设计和建设提交地质勘探报告。

一、勘查工作程度要求

通过1：5000～1：1000（必要时可采用1：500）比例尺地质填图，加密各种取样工程及相应的工作，详细查明成矿地质条件及内在规律，建立矿床的地质模型。

详细控制主要矿体的特征、空间分布；详细查明矿石物质组成、赋存状态、矿石类型、质量及其分布规律；对破坏矿体或划分井田等有较大影响的断层、破碎带，应有工程控制其产状及断距；对首采地段主矿体上、下盘具工业价值的小矿体应一并勘探，以便同时开采；对可供综合利用的共、伴生矿产应进行综合评价，共生矿产的勘查程度应视矿种的特征而定：异体共生的应单独圈定矿体；同体共生的需要分采分选时也应分别圈定矿体或矿石类型。

对影响矿床开采的水文地质、工程地质、环境地质问题要详细查明。通过试验获取计算参数，结合矿山工程计算首采区、煤田第一开采水平的矿坑涌水量，预测下一水平的涌水量；预测不良工程地段和问题；对矿山排水、开采区的地面变形破坏、矿山废水排放与矿渣堆放可能引起的环境地质问题作出评价；未开发过的新区，应对原生地质环境作出评价；老矿区则应针对已出现的环境地质问题

（如放射性、有害气体、各种不良自然地质现象的展布及危害性）进行调研，找出产生和形成条件，预测其发展趋势，提出治理措施。

在矿区范围内，针对不同的矿石类型，采集具有代表性的样品，进行加工选冶性能试验。可类比的易选矿石应进行实验室流程试验；一般矿石在实验室流程试验基础上，进行实验室扩大连续试验；难选矿石和新类型矿石应进行实验室扩大连续试验，必要时进行半工业试验。

勘探时未进行可行性研究的，可依据系统工程及加密工程的取样资料、有效的物、化探资料及各种实测的参数'用一般工业指标圈定矿体，并选择合适的方法，详细估算相应类型的资源量。进行了预可行性研究或可行性研究的，可根据当时的市场价格论证后所确定的、由地质矿产主管部门下达的正式工业指标圈定矿体，详细估算相应类型的储量、基础储量，以及资源量，为矿山初步设计和矿山建设提供依据。探明的可采储量应满足矿山返本付息的需要。

二、勘查类型划分及勘查工程布置的原则

正确划分矿床勘查类型是合理地选择勘查方法和布置工程的重要依据，应在充分研究以往矿床地质构造特征和地质勘查工作经验的基础上，根据矿体规模、矿体形态复杂程度、内部结构复杂程度、矿石有用组分分布均匀程度、构造复杂程度等主要地质因素加以确定。

勘查工程布置原则应根据矿床地质特征和矿山建设的需要具体确定。一般应在地质综合研究的基础上，并参考同类型矿床勘探工程布置的经验和典型实例，采取先行控制，由稀到密、稀密结合，由浅到深、深浅结合，典型解剖、区别对待的原则进行布置。为了便于资源储量估算和综合研究，勘查工程尽可能布置在勘查线上。

一般情况下，地表应以槽井探为主，浅钻工程为辅，配合有效的地球物理和地球化学方法，深部应以岩心钻探为主；在地质条件复杂，钻探不能满足地质要求时，应尽量采用部分坑道探矿，以便加深对矿体赋存规律和矿山开采技术条件的了解，坑道一般布置在矿体的浅部；当采集选矿大样时，也可动用坑探工程；对管条状和形态极复杂的矿体应以坑探为主。

加强综合研究掌握地质规律，是合理布置勘查工程、正确圈定矿体的重要依据。地质勘查程度的高低不仅取决于工程控制的多少，还取决于地质规律的综合研究程度。因此要充分发挥地质综合研究的作用，防止单纯依靠工程的倾向，努力做到正确反映矿床地质实际情况。

各种金属矿床的勘查类型和勘查工程间距，应在总结过去矿床勘查经验的基础上加以研究确定。

三、矿床勘查深度的确定

矿床的勘查深度，应根据矿床特点和当前开采技术经济条件等因素考虑。对于矿体延深不大的矿床，最好一次勘探完毕。对延深很大的矿床，其勘查深度一般为400～600m，在此深度以下，只需打少量深钻，控制矿体远景，为矿山总体规划提供资料。对于埋藏较深的盲矿体，其勘查深度可根据国家急需情况，与开采部门具体研究确定。

四、勘查设计

勘查设计的内容包括文字说明书和图件两部分，在有关规范中有明确的要求。文字说明书应阐明：设计的指导思想、目的任务、地质依据；探矿工程的布置；地球物理和地球化学方法的应用；设计工作量和工程施工程序；勘查质量要求和主要技术措施；所需人力、物力、财力的预算和预期的工作成果等。设计图件的种类和数量应根据工作任务和地质条件具体确定。一般应有矿床地形地质图、勘查工程布置图、勘查线设计剖面图以及其他论证地质依据的图件资料等。

勘查设计根据其性质和任务的不同可分为总体设计、年度设计，以及补充设计。总体勘查设计是在矿床转入勘查阶段时，根据工作区的地质特点、范围大小、发展远景以及人力、物力、财力等情况，对勘查工作进行统一安排和部署。特别是在勘查地段的顺序安排和勘查系统的选择上，既要考虑近期的勘查任务，又要兼顾矿床的将来发展远景。所以，总体设计必须按有关规范的要求周密地编制。

年度勘查设计一般是在年度勘查工作总结和认识的基础上编制。它主要叙述来年勘查工作的安排和工作部署，也要进行勘查费用和勘查成果的预测。

补充勘查设计主要是针对某些勘查工作已基本结束，但未达到预期的勘查程度或在勘查过程中遇到某些情况变化，需要及时进行补充工作而作的勘查设计。这种设计往往属于单项工程设计或对原设计的补充。

勘探报告的编写格式和技术要求参见《固体矿产勘查报告格式规定》（DZ/T 0131—1994）。

五、关于储量比例

储量比例反映了对一个矿区整体的勘查程度，也必然反映了工程投入和资金投入的多少。在计划经济体制下，国家是勘查开发投资者，要求勘查者按一定的储量比例进行勘查，以求将开发投资风险降至最低。过去关于储量比例的规定有一定的经验依据，而且也可以灵活应用，但在计划经济体制下，勘查和开发工作及其投资是分部门管理，有部门利益的驱使，勘查、设计各方面都不愿意突破这一界线，使灵活的规定失去了原来的意图而变得僵化。

在市场经济条件下，各类投资者都是自己承担风险，不存在计划经济条件下分部门管理的问题，现在的《固体矿产勘查规范总则》取消了各类储量比例的规定，只要求按勘查阶段，确定相应类型的资源储量即可。预查阶段估算预测资源量；不具备条件时，可以不予估算；普查阶段估算推断的资源量与预测的资源量，各类资源量无比例要求；详查阶段估算相应类别的资源量，经过了预可行性研究，估算相应类别的基础储量和资源量（控制的预可采储量应达矿山最低服务年限的需要；最低服务年限由投资者确定）；勘探阶段估算相应类别的资源量，经过预可行性或可行性研究的，估算相应类别的基础储量和资源量（探明的可采储量应满足矿山返本付息的需要）。

六、可行性研究

（一）可行性研究的条件

满足下列条件可开展可行性研究：

1.具有投资者（业主）对项目进行可行性研究的委托（协议、合同）书；

2.具有预可行性研究成果；

3.拟建矿山，具有达到勘探程度的勘探地质报告，或达到勘探程度能满足可行性研究所需的各种矿产地质基础资料及相应的矿石选冶加工性能试验资料；

4.具有研究所需的其他各种技术经济资料及相关资料。

（二）可行性研究的内容和要求

1.市场调研及预测，包括产品及主要原辅材料市场评述。要求说明该项目的必要性，确定产品的市场参数，如该矿产品的市场容量、供求状况、价格水平和走势、销售策略、销售费用等。

2.资源条件评价，包括勘探地段矿产资源储量评述、矿石选冶加工技术性能试验及开采技术条件评述、外部建设条件评述等，这部分内容是可行性研究中最重要的部分。

3.矿山建设方案研究，包括生产规模、厂址、产品、技术、设备、工程、原材料供应等局部方案的研究和总体方案的研究；环境影响评价、劳动安全卫生、节能节水；组织机构设置及人力资源配置；建设实施进度及投产达产进度设计、建设投资估算和生产期更新投资估算、生产流动资金估算、生产成本和费用估算。应进行多方案比较、择优而定，所形成的总体方案，需协调优化，化解瓶颈和消除功能过剩。

4.经济评价，包括财务分析和评价指标计算（含不确定性分析）、必要时进行国民经济评价和社会评价、风险分析和风险化解措施（有概率条件时）、资金筹措方案等。经济评价是为矿床开发项目推荐技术上可行、经济上合理、环保上允许的最佳方案，为投资决策提供所有必要的资料，包括矿产资源储量、政策、技术、工程、财务、经济、环保、商务等。经济评价指标计算公式和基本报表、辅助报表等'执行《建设项目经济评价方法与参数》（第二版）的要求。

5.结论与建议，对影响项目的关键性因素的研究结果应有肯定的结论，选定的厂址、规定的生产能力、生产大纲、原辅材料的投入、工艺技术、机械设备、供水供电、建构筑物、内外部运输、组织管理机构、建设进度等都是经多方案研究后相互协调的结果，使项目的技术和经济数据都能满足投资有关各方的审查评估需要以及银行的认可。

第四章　煤矿勘查取样

第一节　取样理论基础

一、取样理论几个基本概念

（一）总体

总体（population）是根据研究目的确定的所要研究同类事物的全体。例如，如果我们研究的对象是某个矿体，那么该矿体就是总体；如果研究的是某个花岗岩体，那么，该岩体就是总体。在实际工作中，我们关注的是表征总体属性特征的分布，如矿体的品位、厚度，花岗岩的岩石化学成分等，在统计学中，总体是指研究对象的某项数量指标值的全体（某个变量的全体数值）。只有一个变量的总体称为一元总体，具有多个变量的总体称为多元总体。总体中每一个可能的观测值称为个体，它是某一随机变量的值，对总体的描述实际上就是对随机变量的描述。

总体是矿产勘查中最重要的研究对象，而且，矿产勘查所研究的总体（如矿体品位、厚度、体重等）都具有无限性。

（二）样品

样品（sample）是总体的一个明确的部分，是观测的对象。在大多数总体中，样品常常是一个单项（一个单体或一件物品）、一个基本单位（不能划分成更小的单位）或者是可以选作样本的最小单位。在矿产勘查中，取样单位是由地质人员规定的，而且，为了获得有用的数据，这种规定必须包括取样单位的大小（体积或重量）和物理形状（如刻槽尺寸、钻孔岩心的大小、把岩心劈开还是取整个岩心，以及取样间距等）。

（三）样本

样本（sample）是由一组代表性样品组成，其中，样品的个数（n）称为样本的大小或样本容量。在统计学参数估计中，n≥30称为大样本，大样本的取样分布近似于服从正态分布；n<30为小样本，小样本的取样分布采用 t 分布进行研究。研究样本的目的在于对总体进行描述或从中得出关于总体的结论。

总体在某一研究目的和时空范围内是确定的并且是唯一的；而作为实际观测研究对象的样本则不同，因为从一个总体中可以抽取很多个样本（理论上，地学中大多数总体中可以抽取无限个样本），每次可能抽到哪一个样本是不确定的，也不是唯一的，而是随机的。理解这一点对于掌握取样推断原理非常重要。

（四）参数

总体的数字描述性度量（即数字特征）称为参数（parameters）。在一元总体内，参数是一个常数，但这个常数值通常是未知的，从而必须进行估计；参数用于代表某个一元总体的特征，经典统计学中最重要的参数是总体的平均值、方差和标准差。平均值描述观测值的分布中心，方差或标准差描述观测值围绕分布中心的行为。

每个数字特征描述频率分布的一定方面，虽然它们不能描述频率分布的确切形状，但能说明总体的形状概念。例如，"某个金矿体的矿石量为1000万 t，金的平均品位为5g/t"，这两个数字特征虽然没有详细地描述出该矿体的细节，但给出了规模和质量的概念。

（五）统计量

样本的数字描述性度量称为统计量（statistics），即是根据样本数据计算出的量，如样本平均值、方差和标准差等。利用统计量可以对描述总体的相应参数进行合理的估计。

（六）平均值

平均值（mean）是一个最常用、最重要的总体数字特征，矿产勘查中常用的平均品位、平均厚度等都是一种平均值，而且，用得最多的是算术平均值和加权平均值。

1.算术平均值

算术平均值（$\bar{x}$）是指 n 个数据 x_1，x_2，x_3，…，x_n 之和被 n 除所得之商：

$$\bar{x} = \frac{x_1 + x_2 + x_3 + ... + x_n}{n} \tag{4-1}$$

算术平均值的计算是假定样本中所有观测值都是来自于相同大小的样品或取

样单位，如样品的体积相同或质量相等。

2. 加权平均值

加权平均值是权衡了参加平均的各个数据对结果所产生影响的轻重后所算出的平均值。设参加平均的各数值为 x_1，x_2，x_3，…，x_n，其权数分别为 p_1，p_2，p_3，…，p_n（p_i 值的大小反映了 x_i 在参与平均时重要性的大小，或应起作用的大小），则诸 x_i 的加权平均值（$\bar{x}$）为

$$\bar{x} = \frac{x_1 p_1 + x_2 p_2 + x_3 p_{13} + ... + x_n p_n}{p_1 + p_2 + p_3 + ... p_n} \tag{4-2}$$

显然，当各权数义相等时，加权平均值等于算术平均值，因此，算术平均值也可看作等权的加权平均值。由于权数（p_i）的大小反映了 x_i 在参与平均时的重要性大小，其加权平均的结果更加合理。在矿产勘查中常用加权平均法来求得某一变量的平均值。例如，在样品取样长度不等的情况下，在资源量/储量估算时以取样长度为权计算样本的平均品位和平均厚度。

表4-1列出了一条横切含金构造剪切带的探槽取样分析的结果及其算术平均品位值和加权平均品位值。由于样品的取样长度不等，如果采用其算术平均值进行描述，则有可能被误导（相对于加权平均值夸大了189%）。在这种情况下，如果为了强调其中的高品位，可以描述为"该探槽揭露6.17m厚的金矿化带，平均品位6.27g/t，其中包含厚度为1.2m品位为16.5g/t和厚度为0.1m品位为40g/t的富矿地段"。

表4-1 某探槽切穿含金构造剪切带的取样分析结果

样品编号	岩石类型	金品位/（g/t）	样长/m	金品位×样长
TC1	围岩	0.02	1.00	0.00
TC2	含硫化物带	40.00	0.10	4.00
TC3	片岩	1.03	1.30	1.339
TC4	硅化带	10.20	0.75	7.65
TC5	片岩	2.40	2.00	4.80
TC6	石英脉	16.50	1.20	19.80
TC7	片岩	1.20	0.80	0.96
TC8	围岩	0.02	1.00	0.00
合计		71.33	6.15	38.549
算术平均值			11.89（g/t）	
加权平均值			6.27（g/t）	

3. 几何平均值

如样本的观测值为 x_1，x_2，x_3，…，x_n，则 n 个观测值乘积的 n 次方根即为样

本的观测变量的几何平均值。

$$G_m = \sqrt[n]{x_1 \times x_2 \times ... \times x_n} = \sqrt[n]{\prod_{i=1}^{n} n_i} \tag{4-3}$$

通过对式（4-3）取对数，可求得几何平均值的&数，对之取反对数就可获得几何平均值。

$$\log G_m = \frac{1}{n}\left(\log x_1 + \log x_2 + ... + \log x_n\right) = \frac{\sum_{i=1}^{n} \log x_i}{n} \tag{4-4}$$

几何平均值与算术平均值的不同表现在其变量的取值不能为零或负值，相同数据的几何平均值总是小于或等于该组数据的算术平均值；数据越分散，几何平均值较算术平均值就越小。

地学上，尤其是在地球化学工作中整理那些服从对数正态分布的变量数据（或某些数据变化范围很大以及呈正偏斜分布的数据）时，常采用几何平均值计算样本的平均值。

（七）方差和标准差

方差（variance）是度量一组数据对其平均值的离散程度大小的一个特征数。总体方差一般用 σ^2 表示，样本方差常用 s^2 表示。设有 n 个观测值 x_1，x_2，x_3，…，x_n，其平均值为 $\bar{x}$，则其方差 s^2 为

$$s^2 = \frac{\sum_{i=1}^{n}(x_i - \bar{x})^2}{n-1} \quad i=1，2，3，...n \tag{4-5}$$

样本方差（s^2）的平方根（s）称为标准差（standard deviation），式中除以（n−1）而不是 n 的原因是为了保证样本方差 s^2 是总体方差 σ^2 的无偏估计。方差和标准差是最重要的统计量，不仅用于度量数据的变化性，而且在统计推理方法中起着重要的作用。

（八）变化系数

假设两组数据具有相同的标准差，但它们的平均值不等，能认为这两组数据的变化程度相同吗？答案显然是否定的。为了比较不同样本之间数据集的变化程度，人们引人了变化系数（coefficient of variation）的概念，其数学表达式为

$$CV = \frac{S}{\bar{x}} \times 100\% \tag{4-6}$$

式中，CV 为一组数据 x_1，x_2，x_3，…，x_n 的变化系数；S 为该组数据的标准差；$\bar{x}$ 为该组数据的平均值。显然，变化系数的值越大，说明数据的变化性越大。如果认为标准差反映了数据的绝对离散程度，变化系数则反映了数据的相对离散程度。注意当 $\bar{x}$ 接近于 0 时，变化系数就会失去意义。

在矿产勘查中，利用变化系数能够更好地反映地质变量的变化程度。例如，不同矿床或同一矿床不同矿体的平均品位不同，利用标准差不能有效地对比矿床之间有用组分分布的均匀程度，而利用变化系数进行对比则比较方便。

（九）变量的分布

变量的变异型式称为分布（distribution），分布记录了该变量的数值以及每个值出现的次数。为了了解变量的分布，将样本数据按照一定的方法分成若干组，每组内含有数据的个数称为频数，某个组的频数与数据集的总数据个数的比值叫做这个组的频率。频率分布直方图是表现变量分布的一种常见经验方式，概率分布是频率分布的理论模型。

正态分布（normal distribution）是一种对称的连续型概率分布函数。正态分布变量极其有用的特点是可以利用两个描述性统计量（平均值和标准差）对这种分布进行描述，根据这两个统计量，我们可以预测小于或大于某个特殊值的数据比例，从而利用正态分布的性质进行参数检验很直接、有效而且易于应用。

在正态分布中，分布曲线总是对称的并呈铃形。根据定义，正态分布的平均值是其中点值，平均值两侧曲线之下的面积是相等的。正态分布的一个重要性质是在任何指定的范围内，其曲线下的面积可以精确地计算出来。例如，全部观测值的68%位于算术平均值两侧一个标准差的范围内，95%的观测值落在平均值两侧2个（实际上是1.96个）标准差范围内。

利用成矿元素分析值绘制的频率分布图可以指示矿化作用。统计学经验表明，呈双峰式分布的频率分布图或累积频率分布图可能派生于两个总体（如地球化学背景和异常，或者是二次成矿作用的产物）；呈正偏斜分布的微量元素数据集如果不服从对数正态分布或者其对数标准差大于1（log10）则可能表明不止一个地质过程，或许隐含矿化过。成对元素的散点图也可能证实多个总体（子体）的存在，其中一个子体可能代表矿化，成对变量的相关性可能是两个或多个总体混合的结果。

变化系数为品位总体的性质提供了一个好的度量：变化系数小于50%，一般指示品位总体呈简单的对称分布（近似的正态分布），对于具有这种分布特征的矿化其资源储量估计相对比较容易；变化系数为50%～120%的总体具有正偏斜分布特征（可转化为对数正态分布），其估值难度为中等；变化系数大于120%的总体分布将是高度偏斜的，品位分布范围很大，局部资源储量的估计将面临着一定的难度；如果变化系数超过200%（这种情况常见于具有高块金效应的金矿脉中），总体分布将会呈现出极度偏斜和不稳定状态，几乎可以肯定存在多个总体，这种情况下局部品位估值是非常困难甚至是不可能的，只能借助于经典统计方法估计整体的品位值。

二、取样目的

取样的目的是为了获取参加某项研究的个体（样品）以获得有关总体的精确信息，多数情况下是为了估计总体的平均值。从主观上讲，我们希望所获样本能够尽可能精确地提供有关总体的信息，但每增加一个数据（样品）都是有代价的。因此，我们的问题是如何才能够以最少的经费、时间和人力通过取样获得有关总体的精确信息。由于信息和成本之间存在着约束，在给定成本的条件下可以过合理的取样设计使获取的有关总体的信息量达到最大。

矿产勘查早期阶段取样的目的可能是为了了解某个矿化带的范围以及质和量的粗略估计；容量很小的样本不应看作是取样区域的代表，因而不能得出经济矿床存在或缺失的结论。随着勘查工作的深入进行，需要研究确定矿石的质和量以及开采条件和加工技术性能，通过精心设计和控制的方式进行系统采样，样本容量将会迅速扩大，而早期的小样本已经构成了后期大样本的一部分。因此，实际工作中所有的取样设计都应考虑到最终目的是要精确的估计矿床的品位和吨位，并且应当为实现这一目的而进行详细的规划。每个取样阶段所获得估值的可靠性可以用统计分析来表示。

三、取样理论

取样理论主要研究样本和总体之间的关系，我们采集所有与样本相关的信息，目的在于推断总体的特征。其中，首要的问题是选择能够代表总体的样本。

取样理论是围绕这样一个概念建立起来的，即如果无偏地从总体中选择足够多的代表性样品组成样本，那么，该样本的平均值就近似的等于该总体的平均值。现代取样理论试图回答在给定的范围和约束条件下需要采集的样品个数并且寻求如何以最低的成本提供目前所待解决问题的足够精确估值的取样方法和估值方法。为了实现这些目的，需要借助于统计学理论。

矿床或块段的平均品位是基于对矿床或块段的取样分析结果估计的，矿产取样（包括采样、样品加工、分析等步骤）常常是评价矿产资源储量过程中最关键的步骤。

（一）取样分市

对于每个随机样本，我们都可以计算出诸如平均值、方差、标准差之类的统计量，这些数字特征与样本有关，并且随样本的变化而变化，于是可以得出统计量的概率分布或概率密度函数，这类分布称为取样分布。例如，假设我们度量每个样本的平均值，那么，所获得的分布就是平均值的取样分布，同理，我们还可以得出方差、标准差等统计量的分布。对于取样分布而言，如果全部样本某个统计量的平均值等于其相应的总体参数，那么，该统计量就称为其参数的无偏估计量（如样本平均值是总体平均值的无偏估计量），否则，就是有偏估计量（如样本标准差是总体标准差的有偏估计量）。

根据中心极限定理，如果总体是正态分布，那么，无论样本的大小（n）如何，其平均值的取样分布都服从正态分布；如果总体是非正态分布，那么只是对于较大的 n 值来说（n≥30），平均值的取样分布才近似于正态分布。

（二）点估计

把统计学的知识应用于矿产勘查中，在大多数情况下，矿体的参数真值或其概率分布是不可能知道的，即使在其被开采完毕后，由于开采过程中的贫化、损失等原因，仍然不可能获得其参数的真值。我们实际所获得的数据是样本的观测值。显然，我们所面临的问题是应当利用样本的什么功能来估计所研究的矿体的重要未知参数——平均品位、平均体重、平均厚度及其方差（标准差）等。由于不可能知道其真值，就必须借助于样本值来对这些参数进行估计。换句话说，以样本统计量作为其参数的估值，如把根据样本求出的平均品位作为矿床（矿体、矿段或矿块）平均品位的估值。

利用单值（或单点）估计总体未知参数的统计推断方法称为参数的点估计。在矿产勘查中，点估计的应用极为广泛，如根据不同勘查阶段获得的矿体平均品位、平均厚度、平均体重等（即样本平均值）估计矿体相应的参数，根据从某个地质体中获得的某种元素的样本平均值估计该元素在该地质体中的背景值等。虽然平均值的点估计是我们利用任何已知样本作出的优良估值（满足无偏性、相对有效性以及一致性的要求），但是，由于一个样本的 $\bar{x}$ 值不会是恰好就等于 μ 值，因此，点估计几乎必然会出错，而且不能给出任何可信度的概念。值得指出的是，许多地质人员在实际工作中往往忽视了样本平均值与总体平均值的差异，以至于把样本的平均品位（估值）与矿床平均品位（真值）混为一谈，将根据样本数据获得的矿石吨位（估值）与矿床规模（真值）混为一谈，有可能导致勘查工作或投资决策失误。

（三）区间估计

如果样本频率分布趋近于正态分布，那么，样本数据的平均值、方差、标准差等统计量能够提供样本所代表的矿床（体）相应参数的合理估计。

如果样本分布服从对数正态分布，那么，应当计算样本的几何平均值和标准差。许多矿床类型，尤其是浅成热液金矿床以及热液锡矿床等，几何平均值能够更合理的提供矿床（体）平均品位的估值。

利用样本标准差可建立平均值的标准误差：

$$\sigma\bar{x} = \frac{\sigma}{\sqrt{n}} \tag{4-7}$$

式中，$\sigma\bar{x}$ 为取样分布的标准差为总体的标准差；σ 为样本的个数。根据 Keller（2004）对中心极限定理含义的注释，样本容量（n）为 30 及以上即为大样本，式中总体标准差（σ）可利用样本标准差（s）代替。从而，利用正态分布可建立平均值的置信区间（CI）：

$$CI = \bar{x} \pm z_{\frac{a}{2}} \frac{s}{\sqrt{n}} \tag{4-8}$$

式中，$\bar{x}$ 为样本平均值；z 为 z 分数（z score），只要给定了置信水平，就可以在标准正态分布表中查出 z 值。例如，某铅锌矿床 60 个 Pb 品位的数据集，其平均值为 8.5%Pb，标准差为 1.2%Pb，以 95% 的置信水平查得 z 值为 1.96，根据式（4-8），该平均的置信区间（CI）为

$$CI = 8.5 \pm 1.96 \times \frac{1.2}{\sqrt{60}} = 8.5 \pm 0.3$$

即是说，有 95% 的置信水平将该矿床 Pb 平均品位的真值定位在 8.8%～8.2%Pb 的区间内。需要强调的是，置信水平 95% 仅仅用于描述构造置信区间上、下界统计量（因为区间上、下界是随机的）覆盖该矿床 Pb 平均品位真值（即总体平均值）的概率。例如，假设 100 个样本构成的 100 个置信区间，其中有 95 个区间可能包含平均品位的真值，而仅仅根据一个样本数据获得的只是其中的一个置信区间，这个非随机区间是否包含该总体参数，一般是不可能知道的。

对于小样本（n<30），可以利用分布定义置信概率的置信区间，只需将查 t 分布表得到的相应置信概率的 t 值代替式（4-8）中的 z 值即可。

计算置信区间的式（4-8）可以整理为

$$n \geq (z_{\frac{a}{2}} \frac{2s}{CI})^2 \tag{4-9}$$

利用该式可以近似估计达到平均值估值精度要求所需的样品个数。例如，假设对于探明的资源储量（331）的品位估值误差以 95% 的置信水平应该控制在 20% 的精度范围内，如果详查阶段施工了 60 个钻孔，估算了控制的资源储量（332），其平均品位为 1%Cu，标准差为 1.5%Cu，那么，升级为探明的资源量，平均品位应该为 0.8%～1.2%Cu。将上述已知值代入式（8.9）得

$$n \geq (\frac{1.96 \times 2 \times 1.5}{0.4})^2 \approx 216$$

也就是说，为了使铜平均品位达到探明的资源储量要求，需要补充施工 216－

60=156 个钻孔。实际工作中，标准差和平均值的估值误差会随着样品数（n）的增大而降低；从而，随着取样数据的补充，应重新计算置信区间，直到获得所要求的精度为止。

根据 Carter 等（2006），利用预先设定的置信水平、平均值相对误差以及变化系数也可以估计所需的样品个数（n）。例如，设定置信水平为 0.95、相对误差为 0.25、变化系数为 50%，需要 17 个样品；如果变化系数为 150%，则需要 139 个样品。相对误差

采用下式表示：

$$相对误差 = \frac{样本平均值 - 总体平均值}{总体平均值} \tag{4-10}$$

（四）估值精度和准度

精度又称精确性（precision），用于衡量观测误差，反映数据的可重复性。例如，同一个样品两次分析的结果非常相近，或者从同一总体采集的样本数据分布很集中，或者同一个总体采集多个样本获得的平均值非常接近，我们就说估值精度很高。精度越低的数据集，需要更大的样本容量才能抵消数据中的噪声。可以利用标准差对精度进行度量，而在矿产勘查中为了更直观地反映精度，一般用百分数的形式表示，如资源储量估计的精度实际上就是区间估计中的置信度。

准度或准确性（accuracy）是指估值与真值的接近程度，即估值误差。一般采用两个数据集之间的平均值之差或者样本平均值及其总体平均值之差进行准度的讨论，由于矿石品位以及其他地质变量的总体都是无穷的，因而难于获知估值的准确性。既然准确性不能测定，那么只能根据反映某种准确分析方法的似然值的重复观测进行推断。例如，标准值、标样、基准值等都是用于评价某个分析方法准确性的尝试，实际上，这些参考值或样品只不过是估计样品或取样过程的偏差，而非其准确性。

在矿产勘查取样中采用的统计方法都是用于度量其精确性而不是准确性。假设观测值具有较高的精度而准度较低，则可能存在系统误差。

四、取样方法

经典统计学中一般是采用概率取样方法。概率取样是基于设计好的随机性，即是在某种事先确定好的方法基础上选择用于研究的样品，从而消除在样品选择过程中可能引入的任何偏差（包括已知和未知的偏差），在概率取样过程中，总体的每个成员都有被选中的可能性。非概率取样方法是以某种非随机的方式从总体中获取样品，包括方便取样、判别取样、配额取样、滚雪球取样等。

概率取样方法包括随机取样、层状取样、丛状取样，以及系统取样四种基本

的取样技术。

（一）随机取样

从大小为 N 的总体中通过随机取样（random sampling）获取大小为 n 的样本。假设每个大小为 n 的样本都有同等发生的机会，那么，该样本就是随机样本。该类样本总是总体的一个子集，并且 n<N。

随机取样操作简便、成本较低，主要缺点是不能用于面积性的等间距取样。在我们的实际工作中，样品加工和化学分析一般采用随机取样形式进行抽样。有时也可同时采用随机形式和面积性的系统形式（见下述系统取样）。例如，先在研究区内粗略地布置取样网格，然后取样者到网格点所在的实地随机地选取采样位置；或者是在精确布置好的取样位置周围，随机地采集若干岩（矿）石碎屑组成一个样品。

（二）层状取样

层状取样（stratified sampling）适合于分布不均匀的总体，其操作首先需要把总体分成若干个非重合的组，每个组称为一个层，每个层内的个体在某种方式上说是均匀分布的或是相似的；然后采用随机取样的方式从每个层中获取的样品组成小样本，最后把各层的小样本合并成一个样本，这种样本称为层状样本。相对于随机取样而言，层状取样的优点是可以采取较少数量的样品获得相同或更多的信息，这是因为每个层中的个体都有相似的特征。

在矿产勘查中，由于岩石或矿石类型不同而要求分层取样，但实际操作上，分层取样几乎总是与面积性的系统取样形式结合使用。具体地说，就是垂直于主要矿化带按一定间距布置剖面线，然后在剖面线上按一定间距进行分层取样。

（三）系统取样

从总体中选取每第 k 个样品的取样方法称为系统取样（systematic sampling）。系统取样方法的原理是相对比较简单的，即选取一个数 k，然后在 1～k 随机地选择一个数作为第一个样品，此后每隔第 k 个个体取作样品构成系统样本。

上述随机取样和层状取样都要求列出所研究总体的全部个体，而系统取样无此要求，因此，在不能理出总体的全部个体时，系统取样方法是很有用的。不过，随之而来的问题是，如果我们不知道总体的大小，那么，我们如何选择 k 值呢？没有确定 k 值的最好的数学方法。合理的 k 值应该是不能过大，过大的 k 值可能不能获得所需的样本容量；也不能太小，根据太小的 k 值所获得的样本容量可能不能代表总体。

在矿产勘查中，取样通常是采取面积性的系统取样，这种取样是把取样位置布置在网格的结点上，如果数据的变化近于各向同性，则采用正方形网格，如果存在线性趋势，则采用矩形网，这种取样方式可以提供一个比较好的统计面。

（四）丛状取样

丛状取样（cluster sampling）的原理是随机地抽取总体内的个体集合或个体丛组成小样本，所有被选取的这些小样本合并成一个样本，这种样本称为丛状样本。显然，丛状取样需要考虑如下问题：1.如何对总体进行分丛？2.应该抽取多少个丛？3.每个丛应该含多少个个体？

为了解决上述问题，首先必须确定所设定的丛内个体的分布是否均一，即这些个体是否具有相似性；如果样品丛是均一的，那么，采取较多的丛且每个丛由较少的样品构成的方式比较好。如果样品丛的分布是非均一的，样品丛的非均一性可能与总体的非均一性相似，也就是说，每个样品丛都是总体的一个缩影，在这种情况下，采取较少数量但含较多个个体的丛是合适的。

钻探取样可以看做是面积性系统取样与丛状取样形式相结合的例子，即按照一定的网度布置钻孔，钻孔岩心可以认为是样品丛。

好的取样设计必须符合：1.能够获得有代表性的样本；2.产生的取样误差很小；3.取样费用较低；4.能有效控制系统误差；5.样本分析结果能以合理的可信度应用于总体。

五、取样过程中的误差

从总体中选取样本观测值的过程可能存在两种类型的误差：取样误差和非取样误差。在取样方法设计的过程中或者在对取样观测结果进行检验时都应该了解这些误差的来源。

（一）取样误差

取样误差（sampling error）又称估值误差，是指样本统计量及其相应的总体参数之间的差值。由于样本结构与总体结构不一致，样本不能完全代表总体，因此，只要是根据从总体中采集的样本观测值得出有关总体的结论，取样误差就会客观存在。

正确理解取样误差的概念需要明确两点：1.取样误差是随机误差，可以对其进行计算并设法加以控制；2.取样误差不包含系统误差。系统误差是指没有遵循随机性取样原则而产生的误差，表现为样本观测值系统性偏高或偏低，因而又称为规律误差或偏差。

取样误差可分为标准误差（standard error）和估值误差（estimation error）。

1.标准误差

取样分布的标准差（$\sigma_{\bar{x}}$）称为平均值的标准误差［式（4-7）］。标准误差反映了所有可能样本的估值与相应总体参数之间平均误差的大小，可衡量样本对总体的代表性大小。平均说来，标准误差越小，样本对总体的代表性越好。影响标准误差的因素主要包括样本容量和取样方法：（1）样本容量越大，标准误差越小；（2）在样本容量相同的情况下，不同的取样方法会产生不同的取样误差，其原因是采用不同的取样方法获得的样本对总体的代表性是不同的。因而需要根据总体的分布特征选择合适的取样方法。

2.估值误差

估值误差又称为允许误差，是指在一定的概率条件下，样本统计量偏离相应总体参数的最大可能范围。以平均值为例，在一定概率下：

$$|\bar{x} - \mu| \leq \Delta_{\bar{x}} \tag{4-11}$$

式中，$\Delta_{\bar{x}}$ 为平均值的估值误差；$\bar{x}$ 为样本平均值；μ 为总体平均值。该式表明：在概率一定的条件下，样本平均值与总体平均值的误差绝对值不超过估值误差。

基于理论上的要求，估值误差通常需要以标准误差为单位来衡量。例如，平均值的估值误差为

$$\Delta_{\bar{x}} = z\sigma_{\bar{x}} = z\frac{\sigma}{\sqrt{n}} \tag{4-12}$$

式中，z 为 z 分数；$\sigma_{\bar{x}}$ 为平均值的标准误差；σ 为总体的标准差。该式阐明了估值误差为标准误差的¥干倍。需要强调的是，估值误差是一个可能的区间（值域），该区间的大小与概率紧密相连，利用区间估计可以求出其置信区间 [式 （4-8）]。

（二）非取样误差

非取样误差比取样误差更严重，因为增大样本的容量并不能减小这种误差或者降低其发生的可能性。在获取数据的过程中的人为失误，或者所选取的样本不合适而导致非取样误差的产生。

1.在获取数据过程中可能出现的误差：这类误差来源于不正确的观测记录。例如，由于采用不合格的仪器设备进行观测得出不正确的观测数据、在原始资料记录过程中的错误、由于对地学概念或术语的误解导致不准确的描述、样品编号出错，诸如此类。

2.无响应误差：无响应误差是指某些样品未能获得观测结果而产生的误差。如果出现这种情况，所收集到的样本观测值有可能由于不能代表总体而导致有偏的结果。在地学上，很多情况下都有可能出现无响应，如野外有的部位无法采集到样品、有的样品在搬运途中可能损坏、有的元素含量低于仪器检测限而导致数

据缺失等。

3.样品选取偏差：如果取样设计时没有能够考虑到对总体的某个重要部位的取样，就有可能出现样品选取偏差。

第二节　勘查取样

一、矿产勘查取样的定义

在矿产勘查学中应用统计学理论时，我们应当意识到样本的统计学定义与其在矿产勘查中的相应定义之间的差异：在统计学中，样本是一组观测值；而在矿产勘查学中，样本是矿化体的一个代表性部分，分析其性质是为了获得某个统计量，如矿化体品位或厚度的平均值。矿产勘查取样需要统计学理论的指导，但其研究对象和研究内容具有特殊性，而且必须借助于一定的技术手段才能获得相关的样品。

所谓矿产勘查取样是指按照一定要求，从矿石、矿体或其他地质体中采取一定容量的代表性样本，并通过对所获得样本中的每个样品进行加工、化学分析测试、试验，或者鉴定研究，以确定矿石或岩石的组成、矿石质量（矿石中有用和有害组分的含量）、物理力学性质、矿床开采技术条件以及矿石加工技术性能等方面的指标而进行的一项专门性的工作。根据该定义，矿产勘查取样工作由三部分组成。

（一）采样

从矿体、近矿围岩或矿产品中采取一部分矿石或岩石作为样品，这一工作称为米样；

（二）样品加工

由于原始样品的矿石颗粒粗大，数量较多或体积较大，所以需要进行加工，经过多次破碎、拌匀、缩分使样品达到分析、测试要求的粒度和数量；

（三）样品的分析、测试或鉴定研究

本节只对采样方法进行简要介绍，有关样品加工和分析测试方面的内容将在下一节涉及。

二、矿产勘查中常用的采样方法

采样是矿产勘查取样的一个基本环节，矿产勘查各阶段都必须进行采样工作。由于采样目的和所采集的样品种类、数量以及规格不同，所采用的采样方法也有

所不同。常用的采样方法主要有以下几种。

（一）打（拣）块法

打块法（grab samples）是在矿体露头或近矿围岩中随机（实际工作中却常常是主观）地凿（拣）取一块或数块矿（岩）石作为一个样品的采样方法。这种方法的优点是操作简便、采样成本低。在矿产勘查的初期阶段，利用这种方法查明矿化的存在与否，所采集的往往是最有可能矿化的高品位样品，因而在有关打（拣）块取样结果的报告中一般采用"高达"的术语来描述，如"拣块样中发现含金高达30g/t"。这种情况下获得的品位不是矿化体的平均品位，只能表明矿化的存在而不能说明其经济意义，并且这种方法也不能给出矿化的厚度。在矿山生产阶段，常常利用网格拣块法（即在矿石堆上按一定网格在结点上拣取重量或大小相近的矿石碎屑组成一个或几个样品）或多点拣块法（即在矿车上多个不同部位拣块组合成一个样品）采样进行质量控制。

（二）刻槽法

在矿体或矿化带露头或人工揭露面上按一定规格和要求布置样槽，然后采用手凿或取样机开凿槽子，再将槽中凿取下来的矿石或岩石作为样品的采样方法称为刻槽法（channel sampling）。刻槽取样的目的是要确定矿化带或矿体的宽度和平均品位，样槽可以布置在露头上、探槽中，以及地下坑道内。样槽的布置原则是样槽的延伸方向要与矿体的厚度方向或矿产质量变化的最大方向相一致，同时，要穿过矿体的全部厚度。当矿体出现不同矿化特点的分带构造时，为了查明各带矿石的质量和变化性质，需要对各带矿石分别采样，这种采样称为分段采样。

样品长度又称采样长度，是指每个样品沿矿体厚度或矿化变化最大方向的实际长度。例如，对于刻槽法采样，即为每个样品所占有的样槽长度，而对于钻探采样来说，则是每个样品所占有的实际进尺。在矿体上样槽贯通矿体厚度，当矿体厚度大时，样槽延续可以相当长。样品长度取决于矿体厚度大小，矿石类型变化情况和矿化均匀程度，最小可采厚度和夹石剔除厚度等因素。当矿体厚度不大，或矿石类型变化复杂，或矿化分布不均匀时，当需要根据化验结果圈定矿体与围岩的界线时，样品长度不宜过大，一般以不大于最小可采厚度或夹石剔除厚度为适宜。当工业利用上对有害杂质的允许含量要求极严时，虽然夹石较薄，也必须分别取样，这时长度就以夹石厚度为准。当矿体界线清楚，矿体厚度较大，矿石类型简单，矿化均匀时，则样品长度可以相应延长。

样槽断面的形状主要为长方形，样槽断面的规格是指样槽横断面的宽度和深度，一般表亦方法为宽度×深度，如10cm×3cm。

影响样槽断面大小的因素有：

1.矿化均匀程度。矿化越均匀，样槽断面越大；反之，越小。

2.矿体厚度。矿体厚度大时，断面可小些，因为小断面也可保证样品具有足够重量。

3.当有用矿物颗粒过大，矿物脆性较大，矿石过于疏松时，需适当加大样槽断面。

这几个因素要全面考虑，综合分析，不能根据一个因素而决定断面大小。一般认为起主要作用的因素是矿化均匀程度和矿体厚度。

样品长度和样槽断面规格可利用类比法或试验法确定。

刻槽法主要用于化学取样，适用于各种类型的固体矿产，在矿产勘查各个阶段获得广泛应用。

（三）岩（矿）心采样

岩（矿）心采样（drill core sampling）是将钻探提取的岩（矿）心沿长轴方向用岩心劈开器或金刚石切割机切分为两半或四份，然后取其中1/2或1/4作为样品，所余部分归档存放在岩心库。

岩（矿）心采样的质量主要取决于岩（矿）心采取率的高低。如果岩（矿）心采取率不能满足采样要求时，必须在进行岩（矿）心采样的同时，收集同一孔段的岩（矿）粉作为样品，以便用两者的分析结果来确定该部位的矿石品位。

（四）岩（矿）屑采样

岩（矿）屑采样（drill cuttings）是使用反循环钻进或冲击钻进方式收集岩（矿）屑作为样品的采样方法，主要用于确定矿石的品位以及大致进行岩性分层。

（五）剥层法采样

剥层法采样（sampling by stripping）是在矿体出露部位沿矿体走向按一定深度和长度剥落薄层矿石作为样品的采样方法，适用于采用其他采样方法不能获得足够样品重量的厚度较薄（小于20cm）的矿体或有用组分分布极不均匀的矿床，剥层深度为5~15cm。该方法还可验证除全巷法外的采样方法的样品质量。

（六）全巷法

地下坑道内取大样的方法称为全巷法（bulk sampling），是在坑道掘进的一定进尺范围内采取全部或部分矿石作为样品的一种取样方法。全巷法样品的规格与坑道的高和宽一致，样长通常为2m，样品重量可达数吨到数十吨。

全巷法样品的布置：在沿脉中按一定间距布置采样；在穿脉坑道中，当矿体厚度不大时，掘进所得矿石作为一个样品；当厚度很大时，则连续分段采样。

全巷法样品采取方法：是把掘进过程中爆破下来的全部矿石作为一个样品；

或在掌子面旁结合装岩进行缩减，采取部分矿石，如每隔一筐取用一筐，或每隔五筐取用一筐，然后把取得的矿石样合并为一个样品，或在坑口每隔一车或五车取一车，再合并为一个样品。取全部或取部分以及如何取这部分，这些问题应根据取样任务及其所需样品的重量来决定。取样要求坑道必须在矿体中掘进，以免围岩落入样品而使矿石品位贫化。

全巷法取样主要用于技术取样和技术加工取样，如用来测定矿石的块度和松散系数；用于矿物颗粒粗大，矿化极不均匀的矿床的采样（对这种矿床剥层法往往不能提供可靠的评价资料），如确定伟晶岩中的钾长石，云母矿床中的白云母或金云母，含绿柱石伟晶岩中的绿柱石，金刚石矿床中的金刚石，石英脉中的金、宝石、光学原料、压电石英等的含量。另外还用于检查其他取样方法。

全巷法采样在坑道掘进同时进行，不影响掘进工作，样品重量大，精确度高等是其优点，缺点是采样方法复杂，样品重量巨大，加工和搬运工作量大，成本高，所以只有当需要采集技术加工和选冶试验样品以及其他方法不能保证取样质量时才采用此方法。

采集大样除利用地下坑道外，还可利用大直径岩心、浅井等勘查工程进行采集。

（七）用 X 射线荧光分析仪现场测量代替某些取样工作

X射线荧光分析仪是应用物理方法测定矿石中元素（原子序数大于20的元素）含量的仪器。采用这种方法可以取代部分矿石样品的化学分析，其操作方式是利用便携式 X 射线荧光分析仪在现场直接测量荧光分析仪在现场直接测量矿石中有用元素特征的 X 射线强度值，然后计算出矿样中元素的品位值。

三、采样方法的选择

在矿产勘查中往往需要多种采样方法配合使用，而这些方法的选择首先需要根据勘查项目的目的以及所采用的勘查技术手段来确定。例如，钻探工程项目只能采用岩心采样和岩屑采样；槽探采用刻槽取样；坑探工程可采用刻槽法、打（拣）块法、全巷法等。其次，还要考虑矿床地质特征和技术经济因素。例如，矿化均匀的矿体可采用打（拣）块法或刻槽法，而矿化不均匀的矿体则可能需要采用剥层法或全巷法进行验证；打（拣）块法和刻槽法的设备简单、操作简便且成本低，而剥层法和全巷法的成本高、效率低。因此，选择采样方法的原则，是在满足勘查目的的前提下尽量选择操作简便、成本低、效率高，而且样品代表性好的方法。

四、采样间距的确定

沿矿体或矿化带走向两相邻采样线之间的距离，称为采样间距。采样间距越密，样品数量越多，代表性越强，但采样、样品加工，以及样品分析的工作量显著增大，成本相应增高。另一方面，采样间距过稀，样品数量不足，难以控制矿化分布的均匀程度和矿体厚度的变化程度，达不到勘查目的。

矿化分布较均匀、厚度变化较小的矿体，可采用较稀的采样间距。反之，则需要采用较密的采样间距才能够控制。一般情况下，采样间距与勘查工程网度直接相关，确定合理勘查网度的方法也可用于确定合理采样间距，基本方法仍然是类比法、试验法、统计学方法等。

第三节　勘查取样的种类

按取样研究内容和试样检测要求的不同，矿产勘查取样可分为化学取样、岩矿鉴定取样、加工技术取样，以及技术取样。

一、化学取样

为测定物质的化学成分及其含量而进行的取样工作称为化学取样。在矿产勘查中，化学取样的对象主要是与矿产有关的各种岩石、矿体及其围岩、矿山生产出的原矿、精矿、尾矿以及矿渣等。通过对样品的化学分析，为寻找矿床、确定矿石中的有用和有害组分及其含量、圈定矿体和估算资源量/储量，以及为解决有关地质、矿山开采、矿石加工、矿产综合利用和环境评价治理等方面的问题提供依据。

（一）化学采样方法

化学样的采样主要利用探矿工程进行。在坑探工程中通常采用刻槽法，有时可结合打（拣）块法，并利用剥层法或全巷法对刻槽法的适用性进行验证；在钻探工程中则采用岩心采样方法，辅以岩屑采样。

（二）样品加工

为了满足化学分析或其他试验对样品最终重量、颗粒大小，以及均一性的要求，必须对各种方法所取得的原始样品进行破碎、过筛、混匀，以及缩减等程序，这一过程称为样品加工。

例如，送交化学分析的样品重量大约为100g，最终用作化学分析的样品重量只有几克，其中颗粒的最大直径不得超过零点几毫米。但原始样品不仅重量大，而且颗粒粗细不一，各种矿物分布又不均匀。所以，为了满足化学分析的要求，必须事先对样品进行加工处理。

Gy深入研究了化学样品加工过程中误差的来源，建立了颗粒取样理论（particulate sampling theory）。该理论基于样品物质的变化性与样品物质粒度、有用组分的分布，以及样品重量之间的关系。颗粒物质的变化性与样品所含的颗粒数有关。化学分析样品的重量不变，颗粒粒径越小，变化性越低。

样品最小可靠重量是指在一定条件下，为了保证样品的代表性，即能正确反映采样对象实际情况，所要求的样品最小重量。在样品加工过程中，它是制定样品加工流程的依据，使加工、缩分之后的样品与加工之前的原始样品在化学成分上保持一致，以保证取样工作的质量和地质成果的准确可靠。此外，为了使原始样品具有足够的代表性，也必须根据样品最小可靠重量的要求，选择能获得必要重量样品的采样方法。矿化越不均匀、样品颗粒越粗，需要的样品可靠重量就越大。样品加工的最简单原理是：样品全部颗粒必须碎至的粒度大小要求达到失去其中任何一个颗粒都不会影响化学分析的程度。实际工作中，可根据样品加工的经验公式确定样品最小可靠重量。这类经验公式有多种，其中切乔特公式是应用最广的一种样品加工公式，其表达式为

$$Q = kd^2 \qquad\qquad (4\text{-}13)$$

式中，Q为样品最小可靠重量（缩分后试样的重量）（kg）；k为样品加工系数，决定于矿石性质和矿化均匀程度，其值为0.05～1.0，可采用类比法或试验法确定；d为样品最大颗粒直径（mm），以粉碎后样品能全部通过的孔径最小的筛号孔径为准。该公式表明，样品的可靠重量与其中最大颗粒直径的平方成正比；矿化越不均匀，样品颗粒越粗，要求的可靠重量就越大。表4-2说明样品重量与最大允许颗粒粒度的经验关系。

表4-2　矿石样品缩减重置与样品中最大允许颗粒粒度之间的经验关系

最大颗粒直径		品位很低或分布很均匀的矿石/kg	中等品位矿石/kg	富矿或矿化不均匀矿石/kg
mm	目			
102		2177.24	16127.9	
51		544.3	4023	23224
25.5		136	1008	5806
12.75	6	34	252.2	1451.5
6.35	10	8.6	63	363
3.4	20	2.3	17.28	100
1.7	35	0.59	4.31	24.9
0.85	65	0.15	1.08	6.24

续表

最大颗粒直径		品位很低或分布很均匀的矿石/kg	中等品位矿石/kg	富矿或矿化不均匀矿石/kg
mm	目			
0.43	150	0.037	0.268	1.56
0.22		0.091	0.068	0.39
0.1		0.0023	0.017	0.095

在样品加工过程中，通常利用"目"来表示能够通过筛网的颗粒粒径，目是指每平方英寸筛网上的孔眼数目。例如，200目就是指每平方英寸上的孔眼是200个，目数越高，表示孔眼越多，通过的粒径越小。目数与筛孔孔径关系可表示为：目数×孔径（μm）=15000（μm）。例如，400目筛网的孔径为38 μm左右。目数前加正负号表示能否漏过该目数的网孔：负数表示能漏过该目数的网孔，即颗粒粒径小于网孔尺寸；而正数表示不能漏过该目数的网孔，即颗粒粒径大于网孔尺寸。

样品加工程序一般可分为四个阶段：1.粗碎，将样品碎至25~20mm；2.中碎，将样品碎至10～5mm；3.细碎，将样品碎至2～1mm；4.粉碎，样品研磨至0.1mm以下。上述每一个阶段又包括四道工序，即破碎、筛分、拌匀以及缩分。

缩分采用四分法即将样品混匀后堆成锥状，然后略为压平，通过中心分成四等份，弃去任意对角的两份。由于样品中不同粒度、不同比重的颗粒大体上分布均匀，留下样品的量是原样的一半，仍然代表原样的成分。

缩分的次数不是任意的。每次缩分时，试样的粒度与保留的试样之间，都应符合切乔特公式，否则就应进一步破碎，才能缩分。如此反复经过多次破碎缩分，直到样品的重量减至供分析用的数量为止。然后放入玛瑙研钵中磨到规定的细度。根据试样的分解难易，一般要求试样通过100～200号筛，这在生产单位均有具体规定。

（三）化学样品的分析与检查

样品经过加工以后，地质人员填写送样单，提出化验分析的种类和分析项目等要求，送化验室作分析。化学样品分析的种类很多，根据研究目的要求不同主要有以下五种。

1.基本分析

基本分析又称作普通分析、简项分析或主元素分析，是为了查明矿石中主要有用组分的含量及其变化情况而进行的样品化学分析。它是矿产勘查工作中数量最多的一种样品化学分析工作，其结果是了解矿石质量、划分矿石类型、圈定矿体，以及估算资源量/储量的重要资料依据。分析项目则因矿种及矿石类型而定。例如，铜矿石就分析铜，金矿石分析金'铁矿分析全铁（TFe）和可熔铁（SFe），当已知全铁与可熔铁的变化规律，就可只分析全铁。当经过一定数量的基本分析，证实某种有用组分含量普遍低于工作指标规定时，可不再列入基本分析项目。

2.多元素分析

一个样品分析多种元素项目叫多元素分析。它是根据对矿石的肉眼观察或光谱半定量全分析或矿床类型与地球化学的理论知识，在矿体的不同部位采取代表性的样品，有目的地分析若干个元素项目，以检查矿石中可能存在的伴生有益组分和有害元素的种类和含量，为组合分析提供项目。查定结果若某些组分达到副产品的含量要求、某些元素超出了有害组分（或元素）允许的含量要求时，则进一步作组合分析。多元素分析一般在矿产普查评价阶段就要进行。分析项目根据矿床矿石类型、元素共生组合规律、岩矿鉴定和光谱分析结果确定。例如，黑钨石英脉型钨矿床中，共生矿物常有：绿柱石、辉铋矿、辉钼矿、锡石、毒砂、闪锌矿、黄铜矿、钨酸钙矿与钨锰铁矿共生。多元素分析除分析 WO_3 外，还分析铍、铋、钼、锡、砷、锌、铜、钙等元素。多元素分析样品数目视矿石类型、矿物成分复杂程度而定，一般一个矿区作10～20个即可。

3.组合分析

组合分析是为了了解矿体内具有综合回收利用价值的有用组分，或影响矿产选冶性能的有害组分（包括造渣组分）含量和分布规律而进行的样品化学分析。其分析项目可根据矿石的光谱全分析结果确定。

组合分析样品不需单独采取，由基本样品的副样组合而成。所谓副样，是指经加工后的样品，一半送实验室作分析或试验后，剩余的另一半样品。副样与主样具有同样的代表性，需妥善保存，用作日后检查分析结果和其他研究的备用样品。

基本样品可被组合的条件是其主要元素应达工业品位，应属同一矿体、同一块段、同一矿石类型和品级。组合的数量一般是8～12个合成一个样品，也可20～30个或更多合成一个，视矿体的物质成分变化稳定情况及是否已对组分变化规律掌握而定。具体的组合方法是根据被组合的基本样品的取样长度、样品原始重量或样品体积按比例组合。

组合样品的化验项目一般根据多元素分析结果确定。在基本分析中已作了的项目，不再列人组合分析。只有需要了解伴生组分与主要组分之间的相关关系时，或需要用组合分析结果来划分矿石类型时，组合分析才包括基本分析中的某些项目。

4.合理分析

合理分析又称物相分析，其任务是确定有用元素赋存的矿物相，以区分矿石的自然类型和技术品级，了解有用矿物的加工技术性能和矿石中可回收的元素成分。

合理分析样品的采取，通常先利用显微镜或肉眼鉴定初步划分矿石自然类型和技术品级的分界线，然后在此界线两侧采取样品。例如，硫化物矿床，在矿物鉴定的基础上，从不同矿石的分带线附近采集一定数量的样品，通过物相分析确定硫化矿物与氧化矿物的比例，据此划分氧化矿石带、混合矿石带，以及硫化矿石带（表4-3），从而为分别估算不同矿石类型的资源量/储量以及分别开采、选矿及冶炼提供依据。

表4-3 一般有色金属矿石自然类型的划分标准矿石自然类型

矿石自然类型	硫化物中金属含量	×100%	氧化物中金属含量	×100%
	总金属含量		总金属含量	
氧化矿	70～0		30～100	
混合矿	90～70		10～30	
硫化矿	>90		<10	

合理分析样品数目一般为5～20个，可以不专门采样，利用基本分析样品的副样或组合分析的副样组成。需要指出的是，当利用基本分析副样作为试样时，必须及时进行分析，防止试样氧化而影响分析结果。

5.全分析

全分析是分析样品中全部元素及组分的含量，可分为光谱全分析和化学全分析。

（1）光谱全分析：目的是了解矿石和围岩内部有些什么元素，特别是有哪些有益、有害元素和它们的大致含量，以便确定化学全分析、多元素分析和微量元素分析的项目。故在预查阶段即需采样进行。光谱全分析样品可采自同一矿体的不同空间部位和不同矿石类型，也可利用代表性地段的基本分析副样按矿石类型组成。一般每种矿石类型都应有几个样品。

（2）化学全分析：目的是全面了解各种矿石类型中各种元素及组分的含量，以便进行矿床物质成分的研究。化学全分析样品可以单独采样，也可以利用组合分析的副样，大致上每种矿石类型应有1～2个样品。某些以物理性能确定工业价值的矿种如石棉等，只需用个别化学全分析样以了解其化学成分，判定矿物的种类即可。

（四）矿石品位分析数据的质量控制

样品进行化学分析的结果，有时和实际相差很大，这是因为在采样、加工和化验等各个工作过程中都可能产生误差。这种误差可以分为两类，即偶然误差（随机误差）和系统误差。偶然误差符号有正有负，在样品数量较大情况下，可以接近于相互抵消，系统误差则始终是同一个符号，对取样最终结果的正确性影响颇大，因此必须检查其有无，并采取相应的措施进行纠正，保证取样工作的质量。

二、国内外关于矿石品位数据质量控制的常见做法

（一）国内地勘单位

国内地勘单位对化学分析数据的检查和处理一般采取下列措施。

1.内部检查

内部检查是指由本单位内部所做的化学分析检查。内部检查只能查出偶然误差。检查方法是选择某些基本样品的副样，另行编号，也作为正式分析样品随同基本样品的正样一起送往化验室分析。取回化验结果后，比较同一样品的结果以检查偶然误差的有无与大小。选择样品作检查时，应考虑矿石的各种自然类型和各种技术品级都选到，还有含量接近边界品位的样品也须检查。检查样品的数量应不少于基本样品总数的10%。内部检查每季度至少进行一次。

2.外部检查

外部检查是由外单位进行的化学分析检查。外部检查可以查明有无系统误差和误差的大小。系统误差可以由分析方法、化学药品质量和设备等原因引起，在本单位是检查不出来的，必须送水平较高的，设备较好的化验单位检查。外部检查的样品数量一般为基本分析样品总数的3%～5%，对于小型矿床其外部检查样品不少于30个。由队上或公司分期分批指定外部检查号码。当外部检查结果证实基本分析结果有系统误差时，双方协商各自认真检查原因，寻求解决办法。

3.仲裁分析

当外部检查结果证实基本分析结果有系统误差存在，检查与被检查双方无法协商解决，这时，就要报主管部门批准，另找更高水平的单位进行再次检查分析，这种分析就叫仲裁分析。如果仲裁分析证实基本分析结果是错误的，则应详细研究错误的原因，设法补救，如无法补救，则基本分析应全部返工。

4.误差性质的判别

将检查分析结果与基本分析结果进行比较，若有70%以上的试样的绝对误差偏高或偏低，即认为存在系统误差，否则为偶然误差。通过此法判别有系统误差后，还应进一步采用统计学方法确定有无系统误差以及其值的大小，同时决定能否采用修正系数进行改正等处理方法。有关误差的具体分析处理请读者参见国家地质矿产行业标准《地质矿产实验室测试质量管理规范2——岩石矿物鉴定质量要求和检查办法》（DZ/T0130.2—1994）以及《地质矿产实验室测试质量管理规范3——岩矿分析质量要求和检查办法》（DZ/T0130.3—1994）中的规定。

（二）西方国家矿业公司

矿石品位分析数据的质量控制在西方国家矿业界一般称为质量保证和质量控制（QA/QC），包括样品分析准确性和精确性的定量的和系统的控制、取样误差的实时控制以及误差来源的证实。

1.分析数据准确性的监测措施：在批量样品中插入标准样品（事先已知品位的样品称为标准样品，简称标样），一般每隔30～50个样品中插入一个标样。标样可以从有资质的实验室中购买，这些标样是采用适当的方法经过严密的分析测试制成，其结果经统计学检验是合格的。最好的标样是由矿物成分与矿化岩石相似的样品制成，这种标样称为基质匹配标样（matrix matched standards）。

采用模式识别的方法检验标样观测值的行为。将标样的分析值按分析顺序投在图上（图4-1），如果观测值在经过认证的平均值周围随机分布而且大约95%的观测值位于该平均值上下2个标准差的范围内（平均值上、下观测值个数基本相同），如图4-1（a）所示，则说明该批次的分析结果质量较好。如果标样的观测结果不同于图4-1（a）的分布，则说明存在分析误差。例如，特高品位的存在（图4-1（b））极有可能是记录错误，这种情况虽然不意味着存在数据偏差，但仍然说明数据管理系统存在问题，表明有可能该数据库存在随机误差；标样观测值持续偏移（图4-1（c））说明可能是由于实验室设备校准问题或分析方法的改变产生的分析偏差；当标准样品的品位离散程度迅速降低时出现不太常见的分布模式（图4-1（d）），标样变化性迅速降低的这样一种现象通常可以解释为数据受到干扰，表明测试人员已经认识混在批量样品中的标样，从而对这些标样的测试比其他样品更加精细，这样的标样分析数据不能用作证实所分析样品不存在偏差。

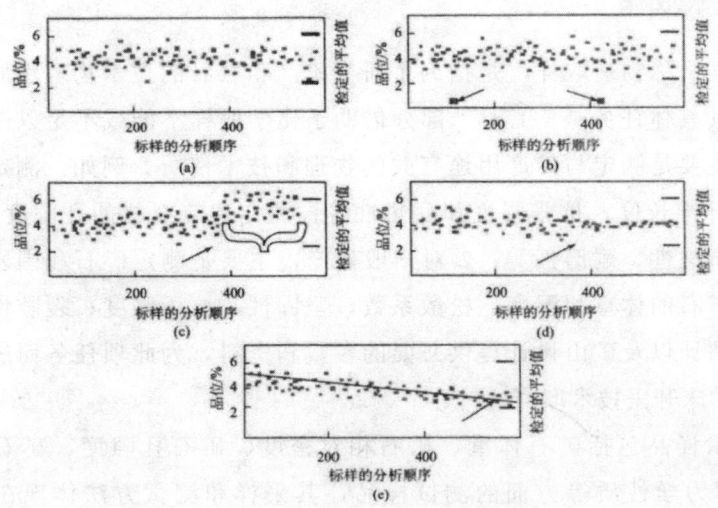

图4-1　质量控制模式识别方法示意图

（a）准确的数据（标准样品观测值呈现统计学有效的分布）；（b）特高品位的存在，说明数据记录的错误；（c）有偏的分析值；（d）数据变化性迅速降低，表明可能的数据干扰；（e）标样分析值的偏移

在品位与分析顺序关系图上准确性分析的特点还在于缺少数据趋势，趋势可以通过标样分析值系统增高或降低进行识别（图4-1（e））；另一条用于证实可能存在趋势的准则是先后顺序的两个观测值都位于2个标准差范围之外或先后顺序的四个观测值位于1个标准差范围之外的分布。

标样观测值的系统偏移趋势（图4-1（e））通常表明测试仪器可能的系统偏移。另一种可能性是由于保存不当导致标准样品观测值低于其相应的认证值。

2.检验样品是否受到污染：通过插入空白样品控制可能的污染。空白样品是不含被测元素的样品（样品中被测元素的含量低于送检实验室的检测限），一般是利用无矿石英制备空白样品。空白样品常常插入在高品位矿化样品之后，一般每隔30～50个样品中插入一个空白样品，主要目的是监控实验室是否存在由于样品设备未足够清洁干净而导致可能的污染问题。空白样品的观测值也可以呈现在品位与观测顺序关系图上，如果设备测试后没有清洁，空白样品将会受到污染，在图上表现为检测元素的观测值显著增大。

3.确定品位数据的精确性：利用样品的副样监测品位数据的精度误差，一般每隔30～50个样品中插入一个副样。最常用的评价数据对的方法是将原样及其副样的分析数据投在散点图上，根据数据对偏离y=x直线的距离评价其离散程度。原样及其副样的观测值的差异是由于样品制备以及化学分析误差引起的。精度误差数学上可以根据数据对之间的差值推导出来。

三、技术取样

技术取样又称物理取样，是指为了研究矿产和岩石的技术物理性质而进行的取样工作。其具体任务是：1.对一部分借助于化学取样不能或不足以确定矿石质量的矿产，主要是测定与矿产用途有关的物理和技术性质。例如，测定石棉矿产的含棉率、纤维长度、抗张强度和耐热性等；测定建筑石材的孔隙度、吸水率、抗压强度、抗冻性、耐磨性等；2.对一般矿产，主要是测定矿石和围岩的物理机械性质，如矿石的体重和湿度、松散系数、坚固性、抗压强度、裂隙性等，从而为资源储量估计以及矿山设计提供必要的参数和资料。为此项任务而进行的技术取样又称为矿床开采技术取样。

矿石技术样品包括矿石体重、矿石相对密度、矿石孔隙度、矿石块度、岩（矿）石物理力学性质等方面的测试样品，其采样和测试方法体现在以下几个方面。

（一）矿石体重的测定

矿石体重又称矿石容重，是指自然状态下单位体积矿石的重量，以矿石重量与其体积之比表示。矿石体重是估算资源量/储量的重要参数之一，其测定方法一般分为小体重和大体重两种。

小体重法：利用打（拣）块法采集小块矿石（5~10cm见方），采回后立即称其重量，然后根据阿基米德原理，采取封蜡排水的方法确定样品的体积，即可求出样品体重。由于所采集的样品（标本）不能包括矿石中较大的裂隙，因而可视为矿石的密度。这种方法一般需要测定30~50个样品。

可以采用塑封排水法代替蜡封排水法，即把你重后的矿石样品置于重量和体积都忽略不计的小塑料袋内，排除袋内容气后扎紧袋口，放人盛水的量标中，利用阿基米德原理，测定出矿石样品的体积，即可求出该样品体重。

西方国家矿产勘查公司测定矿石小体重的具体作法一般是从钻孔岩心中采集小体重样品，将样品盛放在吊篮中（吊篮安装在天平上，天平一般精确到0.1g）并浸没在盛水的容器内，记录水中样品的质量，然后将样品擦干后再称其质量（空气中样品质量）。根据阿基米德原理，利用下述公式计算样品体重：

$$样品体重 = \frac{空气重样品质量}{空气重样品质量 - 水中样品质量} \tag{4-14}$$

这种做法的最大好处是可以了解矿石品位与体重的关系。如果体重与品位高度相关，则在计算矿段平均品位时应考虑体重的权重。

2.大体重法：在具有代表性的部位以凿岩爆破的方法（或全巷法）采集样品，在现场测定爆破后的空间体积（所需体积应大于$0.125m^3$）和矿石的重量确定矿石体重的方法，这种方法确定的体重基本上代表矿石自然状态下的体重。一般需测定1~2个大样品，如果裂隙发育，则应多测定几个样品。

需要强调的是应按矿石类型或品级采集矿石体重样品。一般来说，致密块状矿石可以采集小体重样，每种矿石类型不得小于30个样品，求其加权平均值；裂隙发育的块状矿石除了按同样要求采集小体重样品外，还需要采集2~3个大体重样品对小体重值进行检查，如果两者差异较大，则以大体重的值修正小体重值。松散矿石则应采集大体重样，且不得少于3个样品。对于湿度较大的矿石，应采样测定湿度；如果矿石湿度大于3%，其体重值应进行湿度校正。

（二）矿石相对密度的测定

物质的重量和4℃时同体积纯水的重量的比值，叫作该物质的比重，又称为相对密度。矿石相对密度是指碾磨后的矿石粉末重量与同体积水重量的比值，通常采用相对密度瓶法测定。用于测定相对密度的样品可以从测定体重的样品中选出。相对密度值用于估算矿石的孔隙度。

（三）矿石孔隙度的测定

矿石孔隙度是指矿石中孔隙的体积与矿石本身体积的比值，用百分数表示。具体确定方法是分别测定矿石的干体重和相对密度，然后根据下式计算：

$$矿石孔隙度 = \left(1 - \frac{矿石干体重}{矿石相对密度}\right) \times 100\% \tag{4-15}$$

（四）矿石块度的测定

矿石块度是指岩石、矿石经爆破后碎块形成的大小程度。块度一般以碎块的三向长度的平均值（mm）或碎块的最大长度（mm）表示。矿堆块度指矿石的平均块度，一般用矿堆中不同块度的加权平均值表示。块度样品采用全巷法获取，一般在测定矿石松散系数的同时，分别测定不同块度等级矿石的比例，可与加工技术样品同时采集。

在矿山设计阶段，矿石块度是选择破碎机、粉碎机等选矿设备和确定工艺流程的一个重要参数。

（五）岩（矿）石物理力学性质试验

是为测定岩（矿）石物理力学性质而进行的试验。例如，为设计生产部门计算坑道支护材料提供岩（矿）石抗压强度的数据、为矿山制订凿岩掘进劳动定额以及编制采掘计划提供有关岩（矿）石的硬度及可钻性的数据等。样品采集多用打块法。

三、矿产加工技术取样

矿产加工技术取样又称工艺取样，是指为了研究矿产的可选性能和可冶性能而进行的取样工作，其任务是为矿山设计部门提出合理的工艺流程及技术经济指标，一般在可行性研究阶段进行。加工技术样品试验按其目的和要求不同可分为如下几种类型。

（一）实验室试验

是指在实验室条件下采用一定的试验设备对矿石的可选性能进行试验，了解有用组分的回收率、精矿品位、尾矿品位等指标，为确定选矿方案和工艺流程提供资料。实验室试验一般在概略研究或预可行性研究阶段进行。

（二）半工业性试验

也称为中间试验，是为确定合理的选矿流程和技术经济指标以便为建设加工技术复杂的大中型选矿厂提供依据。该项试验近似于生产过程，一般是在可行性研究阶段进行。

（三）工业性试验

是在生产条件下进行的试验，目的是为大、中型选矿厂提供建设依据或为新工艺、新设备提供设计依据。

加工技术样品的采集方法取决于矿石物质成分的复杂程度、矿化均匀程度以及试样的重量。实验室试验所需试样重量一般为100～200kg，最重可达1000～1500kg，可采用刻槽法或岩心钻探采样法获取；半工业试验一般需5～10t，工业性试验需几十吨至几百吨，通常采用剥层法或全巷法。

四、岩矿鉴定取样

采集岩石或矿石（包括自然重砂和人工重砂）的标本（样品），通过矿物学、岩石学、矿相学的方法，研究其矿物成分、含量、粒度、结构构造及次生变化等，为确定岩石或矿石的矿物种类、分析地质构造、推断矿床生成地质条件、了解矿石加工技术性能以及划分矿石类型等方面提供资料依据。部分矿产还需借助于岩矿鉴定取样方法测定与矿石质量和加工利用有关的矿物或矿石的加工技术性能，如矿物的晶形、硬度、磁性以及导电性等。

研究目的不同，岩矿鉴定采样的方法也有所不同：

（一）以确定岩石或矿石矿物成分、结构构造等目的的岩矿鉴定，一般利用打（拣）块法采集样品，采样时应注意样品的代表性，而且尽可能采集新鲜样品。

（二）以确定重砂矿物种类、含量为目的的重砂样品，分为人工重砂或自然重砂样。人工重砂样一般采用刻槽法、网格打（拣）块法、全巷法，或利用冲击钻探法获取；自然重砂样是在河流的重砂富集地段采集。

（三）以测定矿物同位素组成、微量元素成分为目的的单矿物样品，常用打（拣）块法获取。

除上述各种取样外，为了解矿床有用元素赋存状态，有时需要进行专门取样分析鉴定研究，特别是在发现新的矿床类型或矿化类型时，这种取样分析具有重要意义。

第四节　样品分析与测试

一、样品的采集和送样

样品采集后，要仔细检查和整理采样原始资料。具体工作包括：1.在送样前要确认采样目的已达到设计和有关规定的要求；2.所采样品应具有代表性、能反映客观实际；3.采样原则、方法和规格符合要求；4.各项编录资料齐全准确；5.确定合理的分析、测试项目；6.样品的包装和运送方式符合要求。

采集标本应在原始资料上注明采集人、采集位置和编号。标本采集后，应立即填写标签和进行登记，并在标本上编号以防混乱。对于特殊岩矿标本或易磨损标本应妥善保存，对于易脱水、易潮解、易氧化的标本应密封包装。需外送试验、鉴定的标本，应按有关规定及时送出。一般的岩矿、化石鉴定最好能在现场进行。阶段地质工作结束后，选留有代表性和有意义的标本保存，其余的可精简处理。标本是实物资料，队部（公司）和矿区都应有符合规格要求的标本盒、标本架（柜）和标本陈列室。

样品要使用油漆统一编号。样品、标签、送样单三者编号应当一致，字迹要清楚。送样单上要认真填写采样地点、年代、层位、产状、野外定名和岩性描述等内容，并注明分析鉴定要求。

对需要重点研究或系统鉴定的岩矿鉴定样品，必须附有相应的采样图。委托鉴定的疑难样品，应附原始鉴定报告和其他相应资料。

二、样品分析、鉴定、测试结果的资料整理

收到各种分析、鉴定或其他测试结果后，先作综合核对，注意成果是否齐全，编号有无错乱，分析、鉴定、测试结果是否符合实际情况。如果发现有缺项，则应要求测试单位尽快补齐；若出现错乱或与实际情况不符，应及时补救或纠正，有时需要重采或补采样品，再作分析或鉴定。在确认资料无误后，才登入相关图表，交付使用。

对分析、鉴定的成果资料要按类别、项目进行整理。一般先进行单项的分析研究，找出其具体的特征，再进行项目的综合分析、相互关系的研究、编制相应的图件和表格。同时校正岩石和矿物的野外定名，进一步研究地层、岩石、矿化带的划分和矿体的圈定及分带，以及确定找矿标志等，必要时，对已编制图件的地质和矿化界线进行修正。

内、外检分析结果应按国家地质矿产行业标准《地质矿产实验室测试质量管理规范2——岩石矿物鉴定质量要求和检查办法》（DZ/T0130.2—1994）以及《地质矿产实验室测试质量管理规范3——岩矿分析质量要求和检查办法》（DZ/T0130.3—1994）中的规定，及时进行计算（可能时应每季度计算一次），编制误差计算对照表，以便及时了解样品加工和分析的质量，若发现偶然误差超限或存在系统误差时，应立即向相关分析或测试部门反映，同时采取必要的补救措施。

由于样品的化验、鉴定成果对于综合整理研究工作十分重要，在项目多、工

种复杂、样品数量较大的分队（或工区），可设专人负责管理这项工作。

三、矿石质量研究

根据不同矿床的矿石特点，合理选择各种测试项目，并随着工作的深入，作必要的修改和调整。同时，根据勘查任务和设计要求，及时研究矿石物质成分，对于有些矿种还应着重研究矿物组成与化学成分之间的相关关系以及某些物理性能，并利用分析测试结果，编制1～3条有用组分变化规律的剖面图和必要的综合图表或变化曲线图，以及开展诸如相关分析、品位变化系数以及其他数理统计方面的数据处理方法，达到了解矿石中有益、有害组分在不同部位、不同深度的赋存状态及其变化规律，以及其他一些特征或指标的分布和变化特征。

根据矿石物质组分的分析资料，结合矿石加工技术特性，划分矿石的自然类型、工业类型和品级，查明它们的分布规律和所占比例。这些资料是进一步采集加工技术试验样品和分类型或品级、估算资源量/储量的依据。划分结果还应在相应的勘查线剖面图、矿体纵投影图或其他图件上展示出来。

加工技术取样一般是在勘探阶段进行，但是，对于复杂类型或新类型矿石，在详查阶段即应进行研究，以便作出合理的评价。随着勘查工作的进展，矿石的加1：技术研究也逐渐深入，试验规模也将加大，除主体矿石类型外，技术性能较特殊的

矿石类型也应作较详细的研究。同时，应收集矿区内开采生产过程中的选矿经济技术指标，进行综合分析对比。根据试验研究结果，应对原来矿石类型划分方案作相应的修改补充。

第五章 煤矿采煤方法与采煤工艺

第一节 采煤方法概述

一、基本概念

（一）采煤工作面

煤矿开拓和掘进必需的巷道后，形成了进行采煤作业的场所，称为采煤工作面，又称为"回采工作面"。

（二）开切眼

沿采煤工作面始采线掘进用以安装采煤设备的巷道，称为开切眼。开切眼是连接区段运输平巷和区段回风平巷的巷道，其断面形状多为矩形。

（三）采空区

随着采煤工作面从开切眼开始向前推进，被采空的空间越来越大，而采煤工作面通常只需维护一定的工作空间进行采煤作业，多余的部分要依次废弃，采煤后废弃的空间称为采空区，又称"老塘"。

（四）采煤工艺

采煤工作面内各工序所用方法、设备及其在时间和空间上的配合方式称为采煤工艺或回采工艺。在一定时间内，按照一定顺序完成回采工作各项工序的过程称为回采工艺过程。回采工艺过程包括破煤、装煤、运煤、支护和采空区处理等主要工序。

（五）采煤系统

采煤系统是指采区内的巷道布置方式、掘进和回采工作的安排顺序，以及由此建立的采区运输、通风、供电、排水等生产系统。其中包括为形成完整采煤系统需要掘进的一系列的准备巷道和回采巷道，以及需要安设的设备和设置的设施等。

（六）采煤方法

采煤方法是采煤工艺和巷道布置在时间、空间上的相互配合方式。根据不同的矿山地质及开采技术条件，可由不同的采煤工艺和巷道布置相配合，从而构成多种采煤方法。

二、采煤工作面基础知识

二、采煤方法分类

我国煤炭资源分布广，赋存条件各异开采地质条件复杂多样，形成了多样化的采煤方法。

煤炭开采方法总体上可分为露天开采和地下开采两种方式。

露天开采是煤层上覆岩层厚度不大，直接剥离煤层上覆岩层后进行煤炭开采的采煤方法；地下开采是从地面开掘井筒（硐）到地下，通过在地下煤岩层中开掘井巷，布置采场采出煤炭的开采方式。我国的煤炭资源主要采用地下开采的方法，然而地下开采的采煤方法种类也很多，通常按采场布置特征不同，将采煤方法分为壁式体系和柱式体系两大类。

（一）按巷道系统构成情况分类

1.壁式体系采煤法

壁式体系采煤法以具有较长的工作面长度为其基本特征，一般为100～300m。每个工作面两端必须有一个安全出口，一端出口为回风巷，用来回风及运送材料；另一端出口为运输巷，用来进风及运煤。在工作面内安设有采煤机械设备和支架，随着煤炭被采出，工作面不断向前移动，并始终保持一条直线，如图5-1所示。

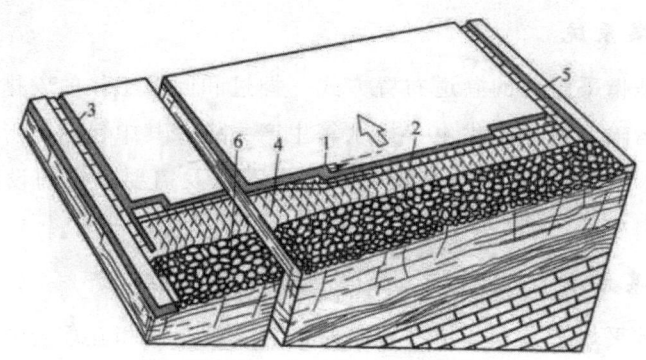

图 5-1　长壁工作面

1-采煤机；2-刮板输送机；3-运输平巷；4-支架；5-回风平巷；6-采空区

如图 5-1 所示，采煤机 1 沿工作面上下往返割煤，采落的煤炭装入刮板输送机 2 中，送到运输平巷 3 运走；顶板用支架 4 支护；工作面沿箭头方向推进，一切设备也随着移动，顶板自行垮落；回风平巷 5 用于回风和运送材料。

壁式体系采煤法可以保证新鲜风流畅通，机械操作方便，工作安全可靠，工作面生产能力高，工作面的煤炭采出率高。

壁式采煤法根据煤层厚度不同，可分为整层开采与分层开采。若一次开采煤层全厚时，称单一长壁式采煤法；将厚煤层划分为若干分层后依次开采时，称分层长壁式采煤法。根据采煤工作面长度以及矿压显现特征的不同，又分为长壁式采煤法和短壁式采煤法两种。若长壁工作面沿煤层倾向布置、沿走向方向推进的称为走向长壁采煤法；若长壁工作面沿煤层走向布置，沿倾斜方向推进的称为倾斜长壁采煤法。工作面向上推进时叫仰斜开采，工作面向下推进时叫俯斜开采，工作面还可以沿伪倾斜布置。

2.柱式体系采煤法

柱式体系采煤方法可分为房式、房柱式及巷柱式三种类型。房式及房柱式采煤的实质是在煤层中开掘一系列煤房，煤房之间以联络巷相通。回采在煤房中进行，煤柱可留下不采或等煤房采完后再采。如果先采煤房，后回收煤柱（或部分回收煤柱），称为房柱式采煤法；若只采煤房，不回收煤柱，则称为房式采煤法。房柱式采煤法如图 5-2 所示。

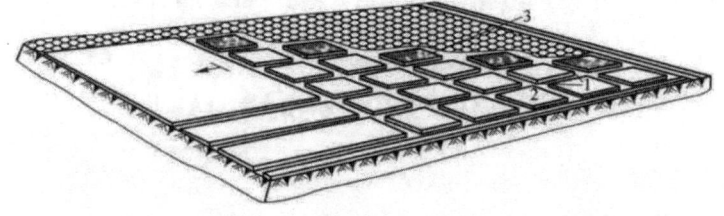

图 5-2　房柱式采煤法示意图

1-房；2-煤柱；3-采柱

巷柱式采煤方法是在采区内开掘大量巷道，将煤层切割成 6m×6m～20m×20m 的方形煤柱，然后有计划地回采这些煤柱，采空处的顶板任其自行垮落。

柱式采煤方法需要掘进大量的煤巷，采煤工作面不支护或极少支护，与壁式采煤方法相比，巷道掘进率高、产煤量少、劳动生产率低、通风条件差、安全条件差、煤炭损失多。

（二）按采煤工艺方式分类

1.炮采法

回采工作面采用爆破落煤、人工（或机械）装煤、输送机运煤、摩擦式金属支柱（或木支柱、单体液压支柱）支护顶板、冒落（或充填）法处理采空区时，以爆破落煤为主要特征，称为"炮采"。炮采工作面的工人劳动强度大、生产效率低、安全条件差，一般适用于小型或不具备机械化采煤条件的矿井。

2.机械化采煤法

回采工作面采用单滚筒采煤机（或刨煤机）落煤、可弯曲刮板输送机运煤、摩擦式金属支柱（或木支柱、单体液压支柱）支护顶板、冒落（或充填）法处理采空区时，以机械落煤、装煤和运煤为主要特征，称为机械化采煤，简称为"普采"。普采工作面的主要工序实现了机械化，减轻了工人的劳动强度，但顶板支护及采空区处理还要人工操作，此种方法已逐渐被淘汰。

3.综合机械化采煤法

回采工作面采用双滚筒采煤机落煤和装煤、可弯曲刮板输送机运煤、自移式液压支架支护顶板，全部工序实现了机械化，称为综合机械化采煤，简称为"综采"。综采与炮采，普采相比具有以下优点：

（1）大大减轻了工人的劳动强度。

（2）使用液压支架管理顶板，工人在支架保护下进行操作，大大减少了冒顶事故。

（3）提高了生产能力和生产效率，使生产更加集中。

（4）降低了材料消耗和生产成本。

4.水力采煤法

用高压泵输出的高压水通过水枪射出，形成高压水射流，在回采工作面直接破落煤体，并利用水力完成运输和提升的方法，称为水力采煤法，简称为"水采"。水采因受到一定条件的限制，目前应用较少。

综上所述，我国矿井主要采用的采煤方法及其分类如图 5-3 所示。

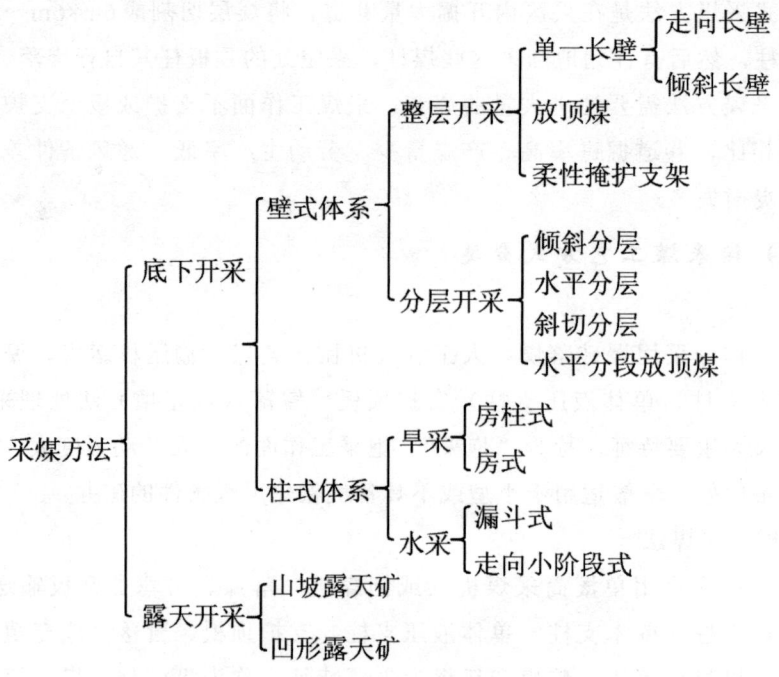

图 5-3 我国矿井主要采用的采煤方法及其分类

第二节 机械化采煤工艺

一、普通机械化采煤工艺

普通机械化采煤就是我们常说的高档普采，工作面配采煤机、输送机、单体液压支柱，普采需人工推刮板输送机及支护顶板。

普通机械化采煤（简称普采）工作面一般采用单滚筒采煤机（少数条件下用双滚筒采煤机或刨煤机）落煤和装煤，可弯曲大型刮板输送机运煤，单体液压支柱配合较接顶梁（或 π 型长钢梁对棚或悬移液压支架等）支护、液压推移器移刮板输送机。

普采工作面上、下区段平巷断面不大，刮板输送机的机头、机尾通常都设在工作面内，故工作面上、下两端需要用人工打眼爆破开切口（又称机窝），上切口长为 6～10m，下切口为 3～4m。

（一）普通机械化采煤工艺过程实例

单滚筒采煤机普采工作面布置如图 5-4 所示。工作面长度为 140m，煤层厚 2.1m，煤层倾角为 6°～8°，煤层普氏系数 f=1.5，顶板中等稳定，采用全部垮落法处理采空区。工作面主要设备见表5-1。

表5-1　煤矿普采工作面主要设备

序号	设备名称	型号	数量
1	采煤机	MDY-150	1
2	刮板输送机	SGB-630/150	1
3	乳化液泵	XRB-2B	1
4	输送机移置器	YQ-1000C/1000	25
5	水泵	PB-120/45	1
6	绞车	JD-11.4	2
7	单体液压支柱	DZ-22	1000
8	段接顶梁	HDJA-1000	1000

每班开始生产时，MDY-150型采煤机自工作面下切口开始割煤，滚筒截深为1m，滚筒直径为1.25m。采煤机向上运行时升起摇臂，滚筒沿顶板割煤，并利用滚筒螺旋叶片及弧形挡煤板装煤。工人随机挂梁，托住刚暴露的顶板，梁距为0.6m。

采煤机运行至工作面上切口后，翻转弧形挡煤板，将摇臂降下，开始自上而下运行，滚筒割底煤并装余煤。采煤机下行时负荷较小，牵引速度较快。滞后采煤机10～15m，依次通过千斤顶推移刮板输送机；与此同时，刮板输送机机槽上的铲煤板清理机道上的浮煤。推移完刮板输送机后，开始支设单体液压支柱。支柱间的柱距，即沿煤壁方向的距离为0.6m；排距，即垂直于煤壁方向的距离等于滚筒截深（1.0m）。

当采煤机割底煤至工作面下切口时，支设好下端头处的支架，移直刮板输送机；采用直接推入法进刀，使采煤机滚筒进入新的位置，以便重新割煤。

工作面下切口长4m，当采煤机运行至工作面下部终点位置时，其滚筒恰好到达切口位置，于是通过5台千斤顶（输送机机头处3台，中部槽处2台）将刮板输送机机头连同采煤机一起推入新的位置。待刮板输送机移成一条直线时，采煤机也进刀完毕。

采煤机完整地割完一刀煤，并且相应完成推移输送机、支柱和进刀工序后，工作面由原来的3排柱控顶变为4排柱控顶。为了有效控制顶板，要回掉1排柱，让采空区顶板自行垮落，重新恢复工作面3排柱控顶；同时检修有关设备。

割煤和回柱期间，乳化液泵站始终向工作面供液，以保证推移刮板输送机和支设、回撤液压单体支柱工作的正常进行。

普采工作面这一采煤工艺全过程称为一个循环。该实例完成一个循环的时间为8h。

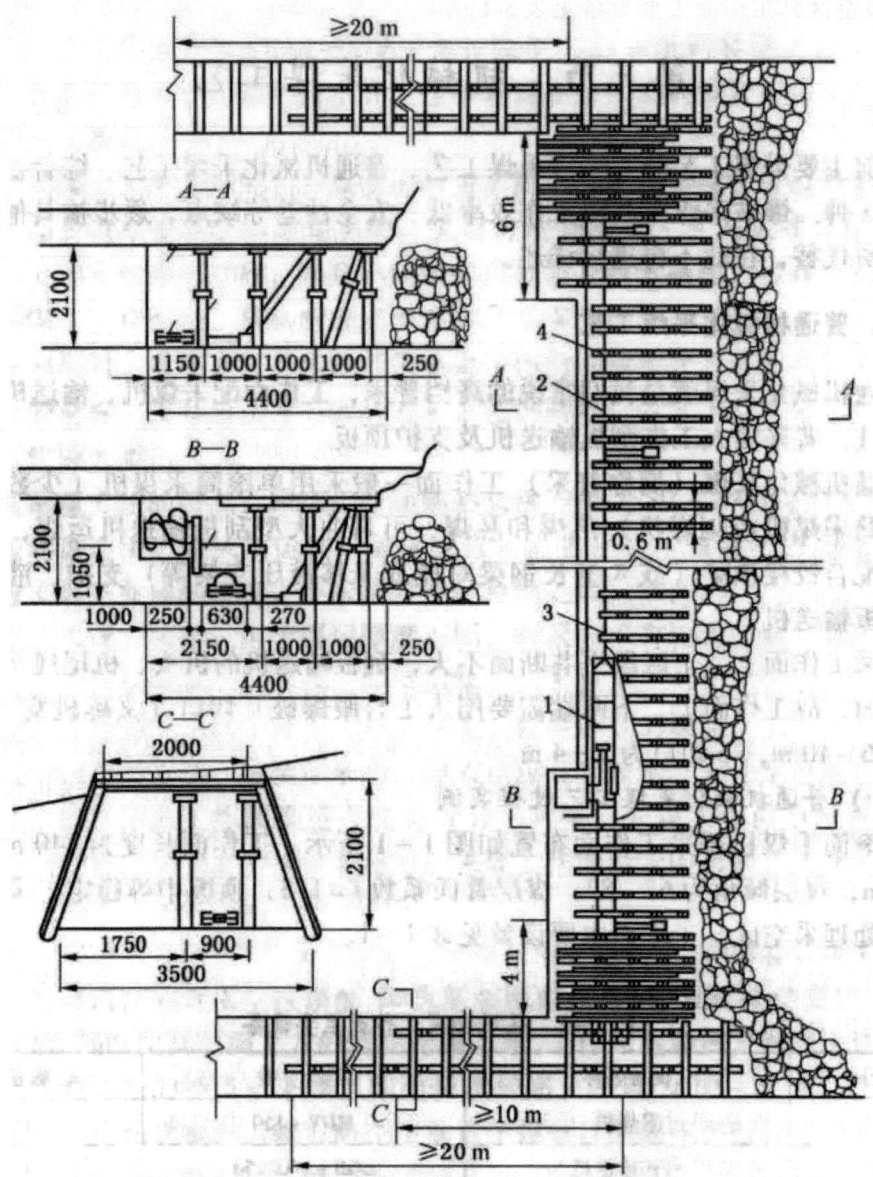

图 5-4　单滚筒采煤机普采工作面布置图

1-MDY-150型采煤机；2-SGB-630/150型刮板输送机；

3-DZ-22型单体液压支柱；2-HDJA-1000型铰接顶梁

（二）普采面单滚筒采煤机工作方式

1.滚筒的位置和旋转方向

普采工作面单滚筒采煤机的滚筒一般位于机体靠近运输巷一端。这样可缩短工作面下切口的长度，使煤流尽量不通过机体下方，有利于工作面技术管理。

滚筒的旋转方向对采煤机运行中的稳定性、装煤效果、煤尘产生量及安全生产影响很大。单滚筒采煤机的滚筒旋转方向与工作面方向有关。当面向回风平巷站在工作面时，若煤壁在右手方向，则为右工作面，反之为左工作面。为了有利于采煤机稳定运行，右工作面的单滚筒采煤机应安装左螺旋滚筒，割煤时滚筒逆时针旋转；左工作面安装右螺旋滚筒，割煤时顺时针旋转。当采煤机上行割顶煤时，其滚筒截齿自上而下运行，煤体对截齿的反力是向上的，但因滚筒的上方是顶板，无自由面，故煤体反力不会引起机器震动。当采煤机下行割底煤时，煤体反力向下，也不会引起震动，并且下行时负荷小，也不容易产生"啃底"现象。这样的滚筒转向还有利于装煤，产生煤尘少，煤块不抛向司机位置。

2.采煤机的割煤方式

普采工作面的生产是以采煤机为中心的。采煤机割煤以及与其他工序的合理配合，称为采煤机割煤方式。采煤机割煤方式选择是否合理，直接关系到工作面产量和效率的提高。

（1）双向割煤、往返一刀

采煤机沿工作面倾斜由下而上割顶煤，随机挂梁（或π型梁迈步前伸或伸悬移支架前探梁），到工作面一端后，采煤机翻转弧形挡煤板，下放滚筒由上而下割底煤，清理浮煤，机后10～15m推移输送机、支设支柱（或收回前探梁前移悬移支架），直至下部切口，采煤机往返一次，煤壁推进一个截深，挂一排顶梁（或π型梁迈一次步），打一排支柱（或悬移支架前移一次）。

一般中厚煤层单滚筒采煤机普采工作面均采用这种割煤方式，当煤层倾角较大时，为了补偿输送机下滑量，推移输送机必须从工作面下端开始，为此可采用下行割顶煤、随机挂梁，上行割底煤、清浮煤、推移输送机和支设支柱的工艺顺序。双向割煤、往返一刀割煤方式适应性强，在煤层黏顶、厚度变化

较大的工作面均可采用，无须人工清浮煤。但割顶煤时无立柱控顶（即只挂上顶梁或π型梁迈步前移而无立柱支撑）时间长，不利于控顶；实行分段作业时，工人的工作量不均衡，工时不能充分利用。

（2）"∞"字形割煤、往返一刀

"∞"字形割煤方式，其特点是在刮板输送机中部设弯曲段。其工艺过程为：在图5-5a状态，采煤机从工作面中部向上牵引，滚筒逐步升高，其割煤轨迹为A-B-C；在图5-5b状态，采煤机割至上平巷后，滚筒割煤轨迹改为C-D-E-A，同时全工作面输送机移直；在图5-5c状态，滚筒割煤轨迹为A-E-B-F，工作面上端开始移输送机；在图5-5d状态，滚筒割煤轨迹为F-G-A，全工作面煤壁割直，而输送机机槽在工作面中部出现弯曲段，恢复到图5-5a状态。

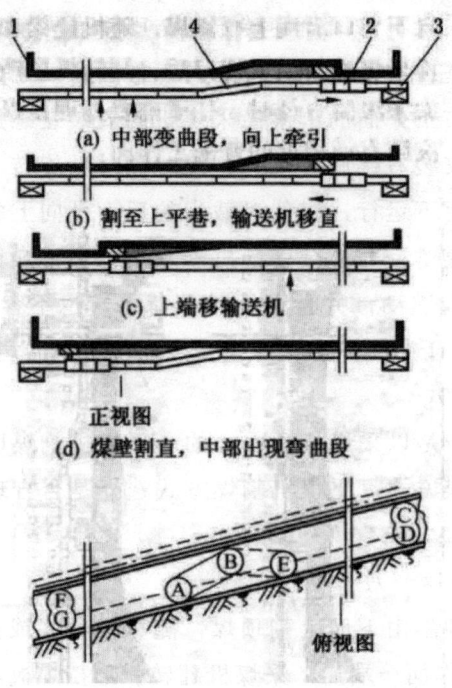

图 5-5　"∞"字形割煤方式

1-煤壁；2-采煤机；3-刮板输送机；4-刮板输送机中部弯曲段

这种割煤方式可以克服工作面一端无立柱控顶时间过长、工人的工作量不均衡等缺点，并且割煤过程中采煤机自行进刀，无须另外安排进刀时间。在中厚煤层单滚筒采煤机普采工作面中常采用这种方式。

（3）单向割煤、往返一刀

单向割煤、往返一刀割煤方式的工艺过程为：采煤机自工作面下（或上）切口向上（或下）沿底割煤，随机清理顶梁、挂梁，必要时可打临时支柱。采煤机割至上（或下）切口后，翻转弧形挡煤板，快速下（或上）行装煤及清理机道丢失的底煤，并随机推移输送机、支设支柱，直至工作面下（或上）切口。

这种割煤方式适用于采高1.5m以下的较薄煤层，滚筒直径接近采高，顶板较稳定，煤层黏顶性强，割煤后顶煤不能及时垮落等条件。

（4）双向割煤、往返两刀

双向割煤、往返两刀割煤方式又称穿梭割煤。首先采煤机自下切口沿底上行割煤，随机挂梁和推移输送机，并同时铲装浮煤、支设支柱；待采煤机割至上切口后，翻转弧形挡煤板；下行重复同样工艺过程。当煤层厚度大于滚筒直径时，挂梁前要处理顶煤。该方式主要用于煤层较薄并且煤层厚度和滚筒直径相近的普采工作面。

普采工作面使用双滚筒采煤机时，一般也采用双向割煤往返两刀的割煤方式。

这种方式在综采工作面普遍采用。

（三）普采工作面单体支架

普采工作面单体支架布置应与煤层赋存条件、顶底板性质相适应，并符合采煤机割煤特点，除确保回采空间作业安全外，还要力求减少支设工作量。

1.支架布置方式

除少数顶板完整的普采工作面可以使用戴帽点柱外，一般工作面均采用由单体液压支柱或摩擦式金属支柱与铰接顶梁组成的悬臂支架。按悬臂顶梁与支柱的关系，可分为正悬臂与倒悬臂两种。正悬臂支架悬臂的长段在立柱的煤壁侧，有利于支护机道上方顶板；短段在立柱的采空区侧，故顶梁不易被折损。倒悬臂支架则相反，其长段伸向采空区，立柱不易被碎矸石埋住，但易损坏顶梁。

普采工作面支架布置，按梁的排列特点分为齐梁式和错梁式两种。为了行人和工人作业方便，工作面支柱一般排成直线状，因此，目前普采工作面支架布置方式主要有齐梁直线柱和错梁直线柱两种。

（1）齐梁直线柱的布置特点是梁端沿煤壁方向相齐，支柱排成直线。根据截深与顶梁长度的关系，齐梁直线柱的布置方式又可分为两种：梁长等于截深和梁长等于2倍截深。

梁长等于截深时，每割一刀煤，沿工作面全长挂梁、支柱，一般全部为正悬臂支架，这种支架形式简单，放顶线整齐；工序较简单，便于组织和管理。当截深为0.8m和1.0m时，一般都采用这种布置方式。但这种布置方式由于截深大，每架支架都要挂梁和支柱，故割一刀煤所需时间较长，因此在煤层松软、顶板稳定性差的条件下不宜采用。

当顶梁长度是2倍截深时，若全部采用正悬臂支架，则割两刀煤挂一次梁。割第一刀时每架支架打临时柱；割第二刀时，挂梁并将临时支柱改为永久支柱。因割第一刀时挂不上梁，机道控顶距太大，顶板易垮落，加之工人的工作量不均衡，故该方式采用较少。

（2）错梁直线柱布置的特点是，截深为顶梁长度的1/2；正、倒悬臂支架相间；每割一刀煤间隔挂梁，顶梁向前交错；割第一刀煤时支临时支柱，割第二刀煤时，临时支柱改为永久支柱。每割两刀煤，工作面增加一排控顶距。该布置方式机道上方顶板悬露窄，支护及时。每割一刀煤后的挂梁、支柱数量少，工作量均衡；支柱呈直线，行人、运料方便；在切顶线处支柱不易被埋住，故该方式采用较多，但是，这种布置方式对开切眼不利，倒悬梁易损坏。

普采工作面采空区处理时选择和使用的特种支架有丛柱、密集支柱、木垛斜撑支架及切顶墩柱等形式。

2.普采工作面端头支护

端头支护应满足以下要求：要有足够支护强度，保证工作面端部出口的安全；支架跨度要大，不影响输送机机头、机尾的正常运转，并要为维护和操作设备人员留出足够的活动空间；要能够保证机头、机尾的快速移置，缩短端头作业时间，提高开机率。

端头支护主要有以下几种：

（1）单体支柱加钱接梁支护。为了在跨度大处固定顶梁铁接点，可采用双钩双楔梁，或将普通钱接顶梁反用，使楔钩朝上。

（2）用4～5对长梁加单体支柱组成的迈步走向抬棚支护。

（3）用基本支架加迈步走向抬棚支护。

除机头、机尾处外，在工作面端部原平巷内可用顺向托梁加单体支柱或"十"字较接顶梁加单体支柱支护。

二、综合机械化采煤工艺

综合机械化采煤是指采煤工作面的破煤、装煤、运煤、支护、顶板控制等基本工序都实现机械化作业。这样的工作面叫综合机械化采煤工作面，简称综采工作面。

综采工作面设备是指工作面和平巷生产系统中的机械和电气设备，其中包括滚筒采煤机（刨煤机）、液压支架、可弯曲刮板输送机、桥式转载机、破碎机、可伸缩带式输送机、乳化液泵站、供电设备、集中控制设备、单轨吊车以及其他辅助设备等。

综采工作面区段巷道布置有以下主要特点：

1.平巷断面尺寸较大。工作面运输平巷、回风平巷断面尺寸应按安装设备和运送设备的最大尺寸进行设计。由于综采设备一般由运输平巷运入工作面，故其断面尺寸主要以液压支架最大部件的外形尺寸确定。目前，回风平巷的净断面为 $8～10m^2$。运送较大的支架时，回风平巷净断面可达 $12m^2$ 以上。运输平巷除铺设转载机、可伸缩带式输送机外，还要铺轨道，以便供安装随工作面移动的供、配电点设备以及泵站和平巷支架的回收与运输之用。

为了使设备集中，便于生产和管理，移动方便，通常采用单巷平面布置方式。其巷净宽一般在4m以上，净断面为 $10～12m^2$。

2.在采煤工作面开采过程中，为了避免增加或减少液压支架的数量和输送机长度，必须使工作面长度保持不变。因此，在运输平巷、回风平巷掘进时，应严格按走向保证运输平巷、回风平巷平行施工。当煤层走向不太稳定时，为保证巷道不出现负坡积水，运输平巷、回风平巷应采取微坡走行平行施工的方法。

3.加大工作面推进长度。综采工作面的设备多、吨位重,设备的安装和拆移需要耗费大量的人力和工时。因此,在布置巷道时,应适当增加工作面的连续推进长度,尽可能地减少工作面搬家的次数。

综合机械化采煤,简称"综采"。在长壁工作面用机械方式破煤和装煤、输送机运煤和液压支架支护顶板的采煤工艺。综采工作面配备的主要设备有:双滚筒采煤机,可弯曲刮板输送机和自移式液压支架。

综采工作面使用的液压支架有:支撑式、支撑掩护式和掩护式3种。

支撑式自移式液压支架如图5-6所示,它由前梁1、顶梁2、支柱3、底座4、推移千斤顶5等主要部件组成。支柱与顶梁相连接起支撑作用,后部无掩护梁。支撑式液压支架的支撑力集中在支架后部,挡杆性能不好,对直接顶完整,基本顶来压强烈的坚硬顶板比较适应,不适用于中等稳定以下的顶板。

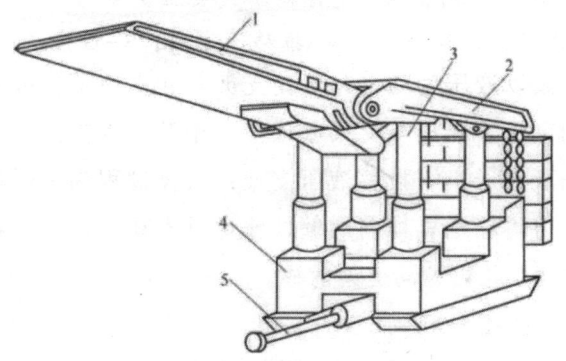

图5-6 支撑式液压支架

1-前梁;2-顶梁;3-支柱;4一底座;5-推移千斤顶

掩护式自移式液压支架如图5-7所示。其特点是支柱与掩护梁连接,底座与掩护梁四连杆连接。这类支架挡矸性能良好,但其支撑力主要集中在支架前部。其对基本顶来压强烈的顶板适应性差,宜在直接顶破碎而基本顶来压不明显的条件下使用。

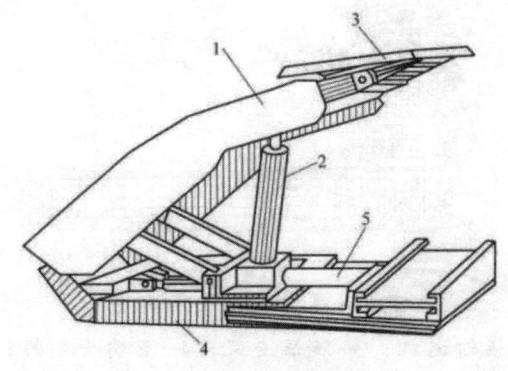

图5-7 掩护式液压支架

1-掩护梁;2-支柱;3-顶梁;4-底座;5-推移千斤顶

支撑掩护式自移式液压支架如图5-8所示。它的支柱与顶梁连接来支撑顶板，具有支撑式的特点，而顶梁后又有掩护梁，掩护梁通过四连杆与底座连接，又具有掩护式支架的特点。这类支架的适应性比较强，能适用于直接顶破碎又有基本顶来压的采煤工作面。

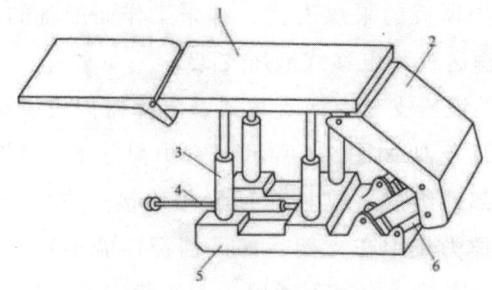

图5-8 支撑掩护式液压支架

1-顶梁；2-掩护梁；3-支柱；4-推移千斤顶；5-底座；6-四连杆机构

自移式液压支架以液压为动力，可使支架升起支撑顶板或下降卸载。通过推移千斤顶将工作面刮板输送机与支架相连接，相互作为支点，通过推移千斤顶的伸、缩向前推移刮板输送机、拉移液压支架；具体过程为采煤机采煤后，支架不动，千斤顶伸出，可将输送机推向煤壁，输送机不动时，所需移动支架的支柱卸载，推移千斤顶收缩，就可拉动支架前移。

综采工作面布置如图5-9所示。

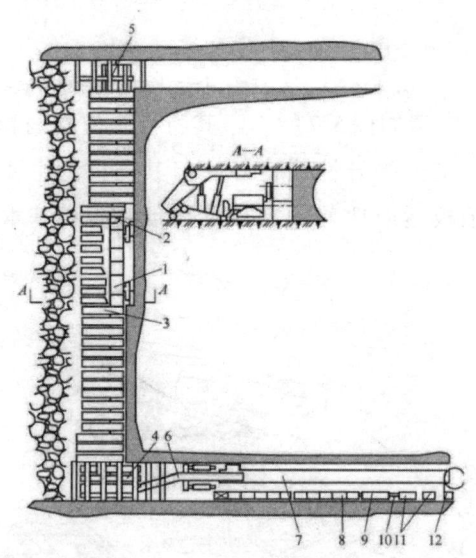

图5-9 综采工作面布置

1-采煤机；2-刮板输送机；3-液压支架；4-下端头支架；5-上端头支架；
6-转载机；7-可伸缩胶带输送机；8-配电箱；9-移动变电站；10-设备列车；
11-泵站；12-喷雾泵站

综采工作面采煤机的割煤方式是综合考虑顶板管理、移架与进刀方式、端头支护等因素确定的，采煤机割煤方式有单向割煤和双向割煤两种。

采煤机单向割煤，往返一次进一刀，即采煤机由一端向另一端割煤，在采煤机后2~3架支架位置，紧随采煤机移架，到另一端后，反向清理浮煤，滞后采煤机20~25m推移刮板输送机，采煤机沿工作面往返一次前进一个截深。

采煤机双向割煤，往返一次进两刀。即采煤机由一端向另一端割煤、清理浮煤、装煤，在采煤机后2~3架支架位置，紧随采煤机移架，滞后采煤机15m左右推移刮板输送机，到工作面另一端后，采煤机在端头完成进刀后，反向重复上述过程，采煤机沿工作面往返一次前进两个截深。

我国综采工作面采煤机常用斜切式进刀方式。典型的综采工作面端部斜切式进刀工艺过程为：1.采煤机割煤至端头后，调换滚筒位置，前滚筒下降，后滚筒上升，反向沿输送机弯曲段割入煤壁，直至完全进入直线段；2.采煤机停止运行，等工作面进刀段推输送机及端头作业完毕后调换滚筒位置，前滚筒上升，后滚筒下降，反向割三角煤至端头；3.调换筒位置，前滚筒下降，后滚筒上升，清理进刀段浮煤，并开始正常割煤。

综合机械化采煤工艺，将作业工序简化为采煤机割煤（包括破煤和装煤）、移架（包括支护和放顶）和推移刮板输送机3道工序。

综合机械化采煤工艺机械化程度高，产量高，工作面效率高，工人劳动强度小，安全状况好，是我国机械化采煤工艺的主要技术手段。

三、采煤工作面基本知识

（一）采煤工作面通风基本知识

1.加强采煤工作面出口及各巷道管理，确保畅通，巷道断面不小于设计的2/3，堆放材料不得超过该巷道断面的1/3。

2.爱护通风设施，过防突风门后要及时关闭，严禁两道正向防突风门同时打开。

3.井下严禁车撞击防突风门。两道防突风门之间及防突风门前后5m严禁存放矿车和物料，并在防突风门前后5m范围内各安设一道临时阻车器。

4.通风系统不正常时，工作面必须立即停止工作并迅速查明原因，工作面停风时要立即汇报调度室并组织人员撤离。

5.需要从通风设施上穿过电缆或管路时，必须提前与相关单位联系，不得私自在通风设施上挖洞穿过管线，更不允许从防突风门调节风窗上、防突风门下水沟穿过电缆或管路。

（二）采煤工作面综合防尘基本知识

1. 粉尘防治基本要求

（1）采煤工作面两顺槽应安装全断面防尘净化水幕。

（2）采煤工作面各转载点应安装转载点喷雾。

（3）采煤工作面两顺槽按《煤矿安全规程》规定定期冲尘。

（4）采煤机应安装内外喷雾，割煤时正常使用。

（5）采煤工作面要合理配风，掌握防尘最佳风速，达到防尘目的。

（6）采煤工作面工作人员必须佩戴防尘口罩。

（7）采煤工作面煤、岩中钻孔时，采取湿式钻孔，爆破作业使用水炮泥。工作面采取煤层注水方式减少煤尘产生。

（8）采煤工作面的浮煤应及时清理。

2. 防尘管理安全技术要求

（1）工作面顺槽距工作面150m范围内安装两道全断面自动净化水幕，两道水幕间距不小于20m。全断面防尘水幕距顶板距离不大于100mm，安装喷头的短管长度不超过50mm，两喷头间距为300~400mm，水幕迎向风流，喷头与顶板约呈45°夹角。

（2）各转载点应安装自动喷雾装置，800mm及以上输送带安装两个喷嘴喷雾，其他转载点安装一个喷嘴喷雾，喷头的短管长度不超过50mm，两喷头间距为300~400mm。喷雾杆采用支架固定在落煤点正前上方（开启后可覆盖产尘点）。

（3）水幕或转载点喷雾的阀门必须安设在巷道行人一侧。水幕的阀门设置在距水幕5m处的上风侧，转载点喷雾的阀门设置在距转载点喷雾1m处的上风侧，距巷道底板高度均不得大于1.8m。

（4）水幕或转载点喷雾必须悬挂综合防尘设施管理牌，水幕的管理牌设置在距水幕5~10m处的上风侧，转载点喷雾的管理牌设置在距转载点喷雾1m处的上风侧。

（5）采煤工作面每架安设一架架间喷雾，喷雾装置采用直喷条，每个喷条3个喷嘴，间距100mm，喷嘴迎风流安设，拉移支架时自动喷雾，升紧支架后自动关闭喷雾。

（6）采煤工作面顺槽第一道防尘水幕至工作面每班至少冲洗一次，第一道水幕以外每旬至少冲洗一次；严禁积尘厚度超过2mm、长度超过5m现象发生。

（7）采煤机正常割煤及打钻期间，回风侧人员必须佩戴防尘口罩。生产期间，做到开机开启各喷雾，停机后关闭各喷雾。

（8）煤层注水期间安全技术要求：

①打钻期间，要将打钻地点回风侧支架架间喷雾打开降尘。

②工作面进行浅孔注水时，封孔器必须全部插入注水孔内，防止封孔器崩出伤人。

③工作面开始浅孔注水时，必须认真检查各高压胶管及其连接处，确保安全可靠。在进行注水工作时，人员严禁长时间正对封孔器驻足，以免水压冲击封孔器射出伤人。

3.综合防尘系统规定要求

（1）采煤工作面顺槽利用供水管完善洒水防尘管路系统。顺槽内的防尘管路每隔50m设置1个Φ25mm的三通阀门。三通阀门安装角度朝上30°，指向巷中。防尘管路阀门应设在行人侧，不在行人侧的使用胶管将阀门引至行人侧。

（2）采煤工作面顺槽距工作面150m范围内至少安装两道全断面自动净化水幕，两道水幕间距不小于20m。

（3）采煤工作面每架安设一个架间喷雾用来降尘。坚持使用好采煤机内、外喷雾及风水喷雾，保持喷雾装置及喷嘴齐全，喷水雾化良好可靠。采煤机内喷雾工作压力不得小于2MPa，外喷雾工作压力不得小于4MPa。无水或者喷雾装置不能正常使用时必须停机。

（4）转载点均安设喷雾装置，随设备开停喷雾，做到开机开水，停机停水，检修班设备检修工负责每天对其检查维修。

（5）两巷定期进行人工循环洒水灭尘，冲刷巷帮，防止煤尘堆积。

（6）工作人员一律佩戴防尘口罩及毛巾进行个体防尘。

（三）采煤工作面防灭火基本知识

1.采煤工作面的移动变电站、油库、带式输送机机头供电点和无极绳绞车处分别设置两个8kg干粉灭火器，并均设置一个沙箱（容积大于0.2m³），沙箱内不得少于8个沙袋，每个消防点配备消防锹2把，消防桶2个，以备防灭火使用。

2.井下使用的汽油、煤油和变压器油必须装入盖严的铁桶内，剩余的油必须运回地面，严禁在井下存放。

3.井下使用的润滑油、棉纱、布头和纸等，必须存放在盖严的铁桶内。用过的棉纱、布头和纸，也必须放在盖严的铁桶内，并由专人定期送到地面处理，不得乱放乱扔。井下需要刷漆工作时，油漆应在地面调制好再带下井，不得携带烯料下井，刷漆工作结束后，及时将剩余油漆升井。

4.井下易燃物（如坑木、油料等）要放在远离电气设备及电缆的地方。

5.电气设备着火时，先切断电源，再用沙子或干粉灭火器灭火。

6.带式输送机下的浮煤每班都要清理干净，输送带跑偏时应及时调整，防止输送带打滑和摩擦起火。

第三节 放顶煤采煤工艺

放顶煤采煤法是沿煤层的底板或煤层某一厚度范围内的底部布置一个采煤工作面，利用矿山压力将工作面顶部煤层在工作面推进过后破碎冒落，并将冒落顶煤予以回收的一种采煤方法。

一、放顶煤采煤法的分类

（一）整层开采放顶煤采煤法

如图 5-10 所示，沿底板布置一个放顶工作面采煤并回收顶煤。优点：回采巷道掘进量及维护量少；工作面设备少；采区运输、通风系统简单；实现了集中生产；顶煤在矿山压力作用下易于回收。缺点：煤质较软时，工作面运输及回风巷维护困难。

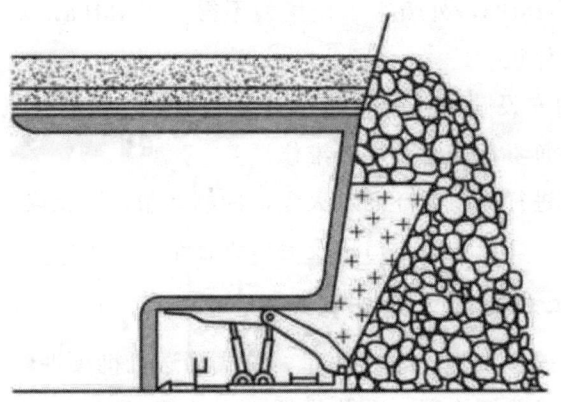

图 5-10　整层开采放顶煤采煤法

（二）分段放顶煤采煤法

当煤层厚度超过 20m 乃至几十米、上百米时，一般可以将特厚煤层分为 10～12m 左右的若干分段。上下分段前后保持一定距离，同时采两个分段，或者一个一个逐段下行回采。采用这种方法时，可以在第一个放顶煤工作面进行铺网，使以后各分段放顶煤工作都在网下进行，以提高煤的采出率和减少煤的含矸率。

（三）大采高综放采煤法

大采高综放米煤法是大采高综采技术和综放开采的综合技术，割煤高度为 3.5～5.0m 左右，采放比为 1：3 左右，应用大功率电牵引采煤机、大工作阻力放顶煤液压支架、大运量前后部刮板输送机等成套装备，实现 14～20m 特厚煤层的整层开采，工作面生产能力可实现年产10Mt以上。大同塔山煤矿设计生产能力为15Mt/a，煤层厚度为12.63～20.2m，平均16.87m，埋深418～522m，煤层硬度为2.7～3.7。采用大采高综放开采，下部布置4.5～5m的大采高综采工作面，剩余煤层通过放顶煤采出，平均月产90.75万吨，工作面采出率约为88.9%。

二、放顶煤工艺

（一）采煤机采煤

与单一中厚煤层一样，采煤机可以从工作面端部或中部斜切进刀，距滚筒12～15m处推移输送机，完成一个综采循环。根据顶煤放落的难易程度，放顶煤工作在完成一个或多个综采循环以后进行。

（二）放顶煤

放顶煤工作多从下部向上部，也可以从上部向下部，逐架或隔一架、隔数架依次进行。一般放顶煤沿工作面全长一次进行完毕即完成一轮放煤，如顶煤较厚，也可以两轮或多轮放完。在放煤过程中，当放煤口出现矸石时，应关闭放煤口，停止放煤，减少混矸率。

三、放顶煤采煤法的优点、适用条件及应注意的问题

（一）放顶煤采煤法的优点为：

1.在工作面采高不增大的情况下，可大大增加一次开采的厚度，用于特厚煤层的开采。

2.简化巷道布置，减少巷道掘进工作量。

3.提高采煤工效。

4.降低吨煤生产费用。

（二）放顶煤采煤法适用于以下条件的煤层：

1.煤层厚度为5～20m或更厚的煤层。

2.煤层倾角由缓斜到倾斜或急倾斜。

3.煤层冒放性较好，冒落块度不大。

4.煤层顶板容易垮落。

（三）放顶煤采煤法应注意的问题：

1.应采取措施提高煤炭采出率。

2.防止煤自燃和瓦斯爆炸事故的发生。

3.继续完善控制顶煤下放的技术措施。

第四节　大采高一次采全厚采煤工艺

　　大采高一次采全厚采煤法是采用综合机械化开采工艺一次性开采全厚达3.5～8.8m的长壁采煤法，受工作面装备稳定性限制，用于倾角较小的煤层。

　　大采高综采技术是我国厚煤层高效开采的重要发展方向。主要发展趋势：采高持续增大，由最初的3.5m到现在的6.5～7m左右，神华集团的上湾煤矿采高已经达到8.8m；大采高综采技术的使用范围进一步扩大，由煤层赋存结构相对简单的西部矿区向结构复杂的东部矿区推广。

一、大采高综采设备要求

　　大采高综采设备的要求有：

　　（一）采用长摇臂采煤机，并具有足够的卧底量。

　　（二）煤机具有调斜功能，以适应工作面地质条件的变化。

　　（三）工作面采落煤块度大，采煤机和输送机应有大块煤的机械破碎装备。

　　（四）大采高液压支架应具有良好的横向与纵向稳定性和承受偏载的能力；结构和性能应具有较好的防片帮能力，初撑力大、伸缩或折叠式前探梁对端面顶板及时支护；可伸缩护帮板应能平移至顶梁端部以外，且具有足够的护帮面积和护帮阻力。

　　（五）大采高工作面矿压显现强烈，支架应具有较大的支护强度和自身强度。

二、煤帮及顶板管理主要措施

　　煤帮及顶板管理主要措施为：

　　1.加快推进速度，降低矿压对煤壁影响，防止煤壁片帮。

　　2.带压擦顶移架，减少对顶板的破坏。

　　3.割煤后及时使用伸缩梁和护帮板支护顶帮。

　　4.制定煤壁加固技术应急预案。

　　5.对支架位态实施监测，掌握液压支架工作状态。

　　6.在易片帮、掉顶区域，保证煤机通过高度的前提下适当降低采高，使支架能够支护到煤帮，避免了掉顶的矸石从支架前方掉落。

　　例如：神东补连塔煤矿煤层平均厚7.15m，平均采高6.1m，采用艾柯夫公司SL1000采煤机，郑州煤机厂两柱掩护式液压支架，型号为ZY10800/28/63，DBT公司生产的刮板输送机，输送能力为4200t/h，工作面年产达到1000万吨以上。

三、评价和适用条件

（一）评价

与分层综采比，大采高综采工作面产量和效率大幅度提高；回采巷道的掘进量比分层综采法减少了很多，并减少了假顶的铺设；减少了综采设备搬迁次数，节省了搬迁费用；设备投资比分层综采大，但产量大、效益高。与综放开采相比，一次采全高的采出率较高。其缺点是在采高增加后，液压支架、采煤机和输送机的质量都将增大。在传统的矿井辅助运输条件下，装备搬迁和安装都比较困难。另外，工艺过程中防治煤壁片帮，设备防倒、防滑和处理冒顶都有一定难度，对管理水平要求较高。

（二）适用条件

大采高一次采全厚采煤工艺一般适用于地质构造简单，煤质较硬，赋存稳定，倾角一般小于12°，顶底板稳定或较稳定的厚煤层。

第六章　煤矿露天开采与特殊开采

第一节　煤矿露天开采

一、露天开采概述

（一）露天开采的发展及特点

露天开采的特点是采掘空间直接露于地表，为了采出有用矿物，需将矿体周围的岩石及其上覆的土岩剥离掉，通过露天沟道线路系统把矿石和岩石运走。所以露天开采是采矿和剥离两部分作业的总称。

据《BP世界能源统计年鉴（2019）》统计，截至2018年，世界能源结构中煤占30%，石油占33%，天然气占24%，水电、核、可再生能源占13%；而中国的能源结构中煤占66%，石油占19.1%，天然气占5.9%，水电、核、可再生能源占7%。1960年美国、澳大利亚、俄罗斯和德国露天采煤量占总煤产量的30%，1975年该占比上升到44%，2018年露天煤矿产量占比接近72%。按照我国国家能源局2019年2号公告《关于全国煤矿生产能力情况》，截至2018年底，我国共有露天煤矿303处（不含井露联合开采煤矿），其中千万吨级大型露天煤矿20余座，数量约占全国煤矿的6.9%，产能75908万吨/年，占总产能16.6%。最大的露天煤矿为国家能源投资集团所属的哈尔乌素和宝日希勒露天煤矿，产能均达3500万吨/年，是目前我国产能最大煤矿，也位于世界十大露天煤矿之列。

据煤炭工业规划设计研究院统计，2014年各主要露天采煤国家露天开采占比见表6-1。

表 6-1　2014 年主要露天采煤国家露天开采占比

国家	美国	印度	德国	澳大利亚	俄罗斯	全世界
占比/%	61.0	75.0	79.6	73.8	60.9	40

露天开采与地下开采相比，有以下特点：

1.矿山产量规模大。目前我国露天采煤矿区的露天矿单坑原煤生产能力均在 800 万～1500 万吨/年，新建的露天煤矿以千万吨级为主。国外已有年产原矿 5000 万吨/年的露天矿，年剥离量可达 1 亿到 3 亿立方米。

2.建设周期短。千万吨级的露天矿区建设周期一般为 3～4 年，移交到达产期约需 1～3 年。

3.开采成本低。露天开采成本的高低与所采用的生产工艺、矿石埋藏条件、矿岩运距、开采单位矿石所需剥离的土岩数量等有关，据统计，世界露天开采成本约为地下开采成本的 1/2。目前我国露天采煤成本为地下采煤成本的 1/3～1/2。

4.劳动生产率高。据统计，世界露天采矿劳动生产率是地下开采的 5～25 倍，我国露天采煤的劳动生产率为地下开采的 5～10 倍。

5.吨矿投资低。据我国东北地区及晋陕蒙地区投资估算及统计，露天矿单位吨煤投资比地下矿井平均单位投资低 20%～30%。

6.资源采出率高。由于露天开采的特点，露天开采时资源回收率较高，一般达 95% 以上，还可以采出伴生矿物。

7.木材、金属、电力的消耗少。据我国露天煤矿的统计资料，吨煤消耗露天开采的木材为矿井的 1/13，金属材料比矿井少 61%，电力消耗节省 67%。

8.作业安全性好。露天矿百万吨死亡率仅为井工矿井的 1/30，能开采易燃、多水、超高瓦斯等采用矿井开采较困难的矿床。

9.占用土地多。露天矿剥离物排弃往往占用很多的土地和耕地。

10.对环境污染较大。露天开采作业过程中排出的粉尘较高，排弃物淋滤出废水中有害成分污染水资源和农田等。

11.气候影响大。严寒、风雪、酷暑、暴雨等都会影响露天矿的正常生产。

12.对矿床赋存条件要求严格。露天开采范围受到经济条件限制，只能开采矿体厚度大，且埋藏相对较浅的矿床。

（二）露天开采生产工艺系统分类

露天矿的生产就是要进行剥离和采矿作业，把剥离出的废石和采掘出的有用矿物分别移运至排卸地点进行排卸。排卸废石的地点叫作排土场。采矿与剥离作业过程的总体称为生产工艺，主要包括以下环节。

1.矿岩准备。矿岩准备常用的方法是穿孔爆破，个别情况下，也可用机械的方法松解矿岩，或用水使土岩软化。

2.矿岩采掘和装载。采掘和装载主要由挖掘机或其他设备来完成，这是露天开采的核心环节。

3.矿岩移运。矿岩移动即把剥离物运到排土场，有用矿物运往规定的卸载点。矿岩移运是联系露天矿各生产环节的纽带，所需设备多，消耗动力、劳力多，是日常生产管理中变化最繁忙的环节。

4.排卸。排卸主要指对运送到排土场的废弃物进行合理的堆放工作，也包括将有用矿物向选矿厂或储矿场卸载。

上述各工艺环节所使用的设备是有联系的，这种联系被称为"生产工艺系统"，反映采、运、排各环节所用设备的特征。生产工艺系统的分类见表6-2。

表6-2 主要工艺系统分类

序号	工艺系统名称	各环节的主要设备		
		采掘、装载	运输	排土
1	间断工艺系统	单斗机械铲	铁道运输	单斗铲
		吊斗铲	汽车运输	推土机
		前装机	箕斗、矿车提升（下放）运输	推土机
		推土机	溜井（溜槽）运输	前装机
		铲运机	铲运机	铲运机
2	连续工艺系统	轮斗铲	胶带输送机	胶带排土机
		轮斗铲	运输排土桥	—
3	半连续工艺系统	轮斗铲-铁道-推土型		
		单斗铲-移动破碎机-胶带-排土机		
		单斗铲-汽车-半固定、固定破碎机-胶带-排土机		
4	倒堆工艺系统	剥离；剥离挖掘机直接倒堆		
		剥离挖掘机和倒堆挖掘机配合作业		
		采矿；单斗、轮斗铲-相应运输设备		
5	水采工艺系统	水枪	泥泵-管道	水力排土
		采砂船		

表6-2中各生产工艺系统各有其适用条件和优点：间断式生产工艺适应于各种硬度的砂岩和赋存条件，在我国及世界上得到广泛的使用；连续式生产工艺生产能力高，是开采工艺的发展方向，但对岩性有严格的要求，一般适用于开采松软的土岩；半连续式生产工艺是介于间断式和连续式工艺之间的一种方式，具有两种工艺的优点，在采深大及矿岩运距远的露天矿山中有很大的发展前途。

在露天开采过程中，还有无运输倒堆生产工艺系统及水力开采生产工艺系统，倒堆生产工艺是指在剥离时，用机械铲或吊斗铲把剥离物直接排弃在采空区，减少了剥离物的运输。水力开采工艺主要是利用水枪冲采土岩进行剥离，运输可以是自流式，也可以利用管道加压运输至水力排土场。

（三）基本名词术语

1.露天开采境界及边帮

（1）露天开采境界

露天开采境界指露天开采终了时的空间状态。它包括开采终了时的地面境界边帮4C、和底部境界线CD（见图6-1）。

（2）边帮

由采场四周坡面及平台组合成的表面总体。其中包括：

①工作帮（见图6-1中GE）由工作台阶所组成，正在进行开采的边帮或一部分。

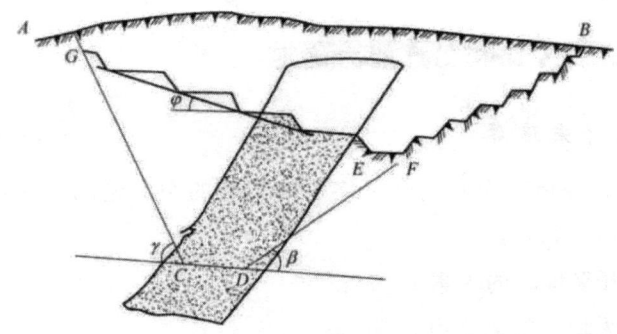

图6-1　露天采场构成示意图

②非工作帮（见图6-1中AG、BF）由非工作台阶所组成的边帮。

（3）边帮角

①工作边帮角（见图6-1中φ），工作帮最上台阶和最下阶坡底线形的假想平面与水平面的夹角。

②最终边帮角（见图6-1中β、γ），露天采场终了时，最上台阶坡顶线和最下台阶坡底线组合成的假想平面与水平面的夹角。

2.台阶要素

（1）台阶

在开采过程中，为采运作业需要，往往把露天采场划分为具有一定高度的水平（或倾斜）分层，每一个分层称为一个台阶。

①台阶坡面：台阶朝向采空区一侧的倾斜面。

②台阶坡面角：台阶坡面与水平面的夹角。

（2）台阶顶线

台阶上部平盘与坡面的交线。

（3）台阶坡底线

台阶下部平盘与坡面的交线。

（4）台阶高度

台阶上平盘与下平盘的垂直距离。

3.开拓及开采要素

（1）出入沟

出入沟即建立采场与地表运输通路的露天沟道。

（2）开段沟

开段沟即开掘某标高采掘工作面的沟道。

（3）开采程序

开采程序即采场内土岩的剥离和采矿工程，在空间与时间上合理配合的发展顺序。

二、境界、剥采比和生产能力确定

（一）露天开采境界

露天开采境界是指露天矿场开采终了时形成的空间轮廓。它由矿场的地表境界、底部境界和四周帮坡组成。

1.影响露天开采境界的因素

影响露天开采境界的因素有：

（1）自然因素，包括煤层埋藏条件，如赋存状态、厚度、倾角、煤质、围岩岩性、地形地貌、工程和水文地质条件等。

（2）技术组织因素，包括开采技术水平、装备水平、地面主要建筑物、城市、厂房等。

（3）经济因素，包括基建投资、基建期和达产时间、煤炭的开采成本及销售价格、设备供应情况及国民经济发展水平等。

2.合理开采深度的确定原则

当一个煤田或煤田的一部分被确定用露天开采时，首先必须确定以什么原则圈定其合理的开采范围，现以图6-2所示倾斜煤层为例加以说明。

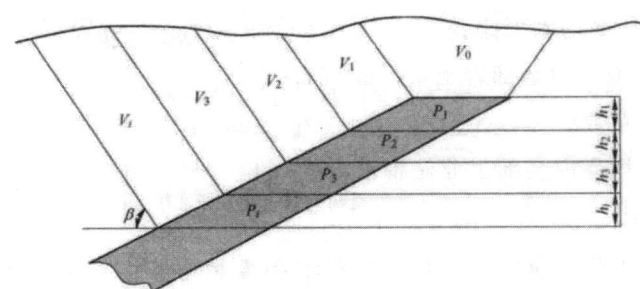

图6-2 露天矿横断面开采示意图

设煤层厚度为m，顶帮边帮角为β，台阶高度为h，露头上部岩土量为V_0。每向下延深一个高度h采出煤量为P，为此所需剥离岩土量为V。则h_1时采出煤量为P_1，剥离岩土量为V_1；h_2时采出煤量为P_2，剥离岩土量为V_2；以此类推，直至h_i时为P_i和V_i。从中可以看出，在m、h不变时，各水平采出煤量P值变化不大，而V值随着深度的加大和β的减小而增加。由此可见，露天开采的范围（深度）必然有一限度，即

$$C_L P_i \geq a P_i + b V_i \tag{6-1}$$

式中：C_L——露采煤炭售价，元/t；

P_i——第i标高采出煤量，t；

V_i——第i标高所需剥离岩土量，m^3；

a——露天纯采煤成本，元/t；

b——露天纯剥离成本，元/m^3。

式（6-1）说明了每延深一个深度所采出的煤量，其收益应大于或等于采煤费用和为采煤而必须剥离岩土的费用两项之和，式（6-1）亦可表示为：

$$\frac{V_i}{P_i} \leq \frac{C_L - a}{b} \tag{6-2}$$

式中，$\frac{V_i}{P_i}$表明采出的煤量和所需剥离岩量的比值；$\frac{C_L - a}{b}$为煤售价与单位采剥成本间的关系，表明采出单位煤量经济上允许的最大剥离值。由上可知，合理开采深度的确定主要取决于经济因素和受赋存条件决定的煤量与岩量之比值。

（二）剥采比

所谓剥采比即是开采单位煤量所需剥离的岩石量。本小节简单介绍平均剥采比、境界剥采比、生产剥采比和经济合理剥采比。

1.平均剥采比

露天开采境界内，全部岩石量与采出煤量之比即为平均剥采比。

$$n_P = \frac{V}{\eta \cdot P} \tag{6-3}$$

式中：n_p——平均剥采比；

V——开采境界内全部岩土量，m^3或t；

η——采出系数；

P——开采境界内全部工业储备量，m^3或t。

2.境界剥采比

当露天开采境界少量变化（扩大或减少 Δh）所引起的岩土量与煤量变化之比值即为境界剥采比。

$$n_k = \frac{\Delta V_K}{\eta \Delta P_K} \qquad (6\text{-}4)$$

式中：n_k——境界剥采比；

ΔV_K——境界少量变化扩大的岩土量，m^3或t；

ΔP_K——境界扩大后增加的煤量，m^3或t。

3.生产剥采比

露天矿某一生产时期的岩土量与采出量之比即生产剥采比。

$$n_S = \frac{\Delta V_S}{\eta \Delta P_S} \qquad (6\text{-}5)$$

式中：n_S——境界剥采比；

ΔK_S——境界少量变化扩大的岩土量，m^3或t；

ΔP_S——境界扩大后增加的煤量，m^3或t。

露天矿生产时，上下台阶间应保持工作平盘宽度，由此构成工作帮坡角 φ。φ 的变化会直接影响 n_S 的变化，生产中利用调整工作角 φ，来均衡生产剥采比，以达到在某一较长时期（5～10年）内设备数量和人员的稳定。

4.经济合理剥采比

经济合理剥采比系指分摊到单位煤量上的最大允许的剥离量，该值为一系列经济因素所决定。主要的计算方法有两种：

（1）露天、地下开采单位煤量成本相等，即

$$C_d = a + n_j b \qquad (6\text{-}6)$$

式中：C_d——地下开采单位煤量成本，元/t；

a，b——露天开采纯采煤、剥离单位成本，元/t或元/m^3；

n_j——经济合理剥采比，m^3/t。

由式（6-6）可得，若露天开采单位采煤成本不高于地下单位采煤成本时，允许的经济剥采比 n_j 如式（6-7）所示。

$$n_j = \frac{C_d - a}{b} \qquad (6\text{-}7)$$

（2）露天开采法采出煤的成本与其售价相等，即

$$C_L = a + n_j b \tag{6-8}$$

式中：C_L——露天开采法采出煤的售价，元/t。

则

$$n_j = \frac{C_L - a}{b} \tag{6-9}$$

在境界圈定中，广泛采用境界剥采比小于或等于经济合理剥采比的原则，即

$$\frac{\Delta V_K}{\eta \Delta P_K} \leqslant \frac{C_L - a}{b} \ (\text{或} \ \frac{C_d - a}{b}) \tag{6-10}$$

式子左边是岩煤量的比值，右边是由经济因素确定的最大剥采比值。

（三）露天矿生产能力

露天矿生产能力应为年采煤和剥离两个量之和，亦即年采剥总量为

$$\tag{6-11}$$

式中：A_P——年采煤量，t/a 或 m^3/a；

A_V——年剥岩量，t/a 或 m^3/a；

n_s——生产剥采比。

从式（6-11）可以看出露天矿的煤岩生产能力 A 除受到煤层的生产能力影响外，还受到生产剥采比\的影响。它还决定着煤炭开采成本、工效、设备数量、人员、投资的多少等。

矿井生产能力的确定方式有以下几种：

1. 按技术条件确定生产能力。技术条件主要是可能布置的挖掘机工作面数目、矿山工程延深速度、运输线路的通过能力等。技术上可能的生产能力还受到运输能力的限制。对新建的露天矿、设计的运输能力应与露天矿生产能力相适应。对改扩建矿山，对其运输能力的限制要进行分析和验算。

2. 按经济条件确定生产能力。按经济条件确定煤炭生产能力包括：合适的矿山服务年限、可能的投资额和经济最优效果。

3. 按需求量确定生产能力。按需求煤量确定生产能力时，必须对市场的需求量进行预测。首先要对国内外历年煤炭供求情况进行统计分析，其次对今后若干时间的需煤前景进行估计，在此基础上预测未来的供求关系及风险，从而确定生产能力。

三、开采程序与开拓

（一）露天开采程序

露天矿场开采程序系指在露天开采范围内采煤、剥岩的顺序，即采剥工程在时间和空间上发展变化的方式，诸如采剥工程台阶划分，采剥工程初始位置确定，

采剥工程水平推进、垂直延深方式，工作帮构成等。

1.采剥工程台阶划分及台阶开采程序

露天矿一般划分为若干个台阶进行开采，每个台阶的开采程序：

（1）开掘出入沟（一般为倾斜的）。

（2）开掘开段沟（一般为水平的）。

（3）进行扩帮。

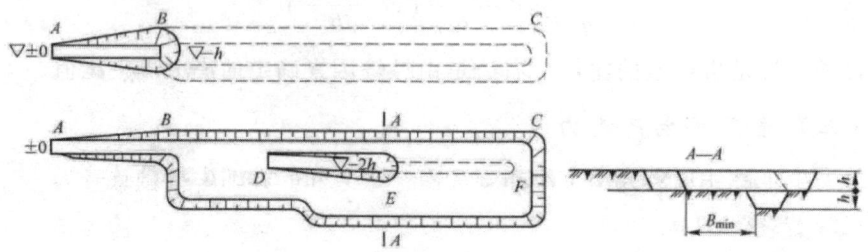

图6-2　台阶开采程序及相邻台阶关系

图6-2中为出入沟，BC为开段沟（虚线），BC掘完后即可进行扩帮。对于一个台阶开掘全过程来说，开掘出入沟称为开拓工程，开掘开段沟称为准备工程，进行扩帮称为回采工程。

每个台阶完成开拓准备工作后，进行扩帮工程到某个位置时，即可进行下一个台阶的开拓准备工程，即DE及EF两部分的沟量开掘。由此可以看出，露天矿相邻台阶的各种工程进行的时间安排必须遵循上下台阶在空间上的超前关系，才能保证安全和正常生产。

2.工作帮及其推进

（1）开段沟初始位置确定

第一个台阶的开段沟位置一般选在剥离量少的煤层露头处，可设在煤层底板，也可设在煤层顶板，沟道可以平行煤层走向，也可以平行煤层倾向。

（2）工作帮构成

工作帮形态决定于组成工作帮的各台阶之间的相互位置，通常可用工作帮坡角大小来表示。

（3）工作帮推进

工作帮推进方向与矿山工程开段沟初始位置有关。一种是煤层底板拉沟，向顶帮推进，即一个工作帮；另一种是从煤层顶板拉沟，工作帮向顶、底帮两个方向推进，形成一个剥离工作帮，一个采煤工作帮。这两种台阶工作帮的推进方式均为平行推进，有的可以扇形方式推进。

（二）露天矿开拓

露天矿开拓就是建立地面与露天矿场内各工作水平以及各工作水平之间的矿

岩运输通路，以此保证露天矿场正常生产。露天矿开拓内容是直接研究坑线的布置方式，建立合理开发矿床的运输系统，也是研究和解决开发矿床总体规划和矿山工程合理发展的重要问题。

露天矿开拓与运输方式有密切关系。按运输方式，露天矿开拓方法主要分为公路运输开拓、铁路运输开拓、带式输送机运输开拓、平硐溜井开拓、提升机提升开拓。

本节重点介绍露天矿铁路运输开拓方式、公路运输开拓方式和带式输送机开拓方式。

1.铁路运输开拓系统

铁路运输分准轨和窄轨两种，大中型露天矿采用准轨，小型露天矿采用窄轨。

（1）坑线布置形式

坑线布置方式如图6-3所示，从纵断面可以看出，台阶高度为h，L为露天矿底长，1为限制坡度，$l_通$为通过线长度，为折返站长度。列车从地表经过三次直进到折返站，由于受采场长度的限制，必须折返到达第4个台阶。其中，直进式列车运行条件好，而采用折返式时，列车需要停车再启动向反向运行，故在走向长度允许条件下，尽可能采用直进式。但由于受矿场长度限制不可避免要采用折返式。所以，在铁路开拓矿山，无论是山坡露天还是凹陷露天，坑线布置一般是直进和折返两种方式的结合。此外，为了提高列车运行速度，当上部台阶到边界后，可以废除原折返坑线，而全部采用沿边界直进延深，形成螺旋式坑线。

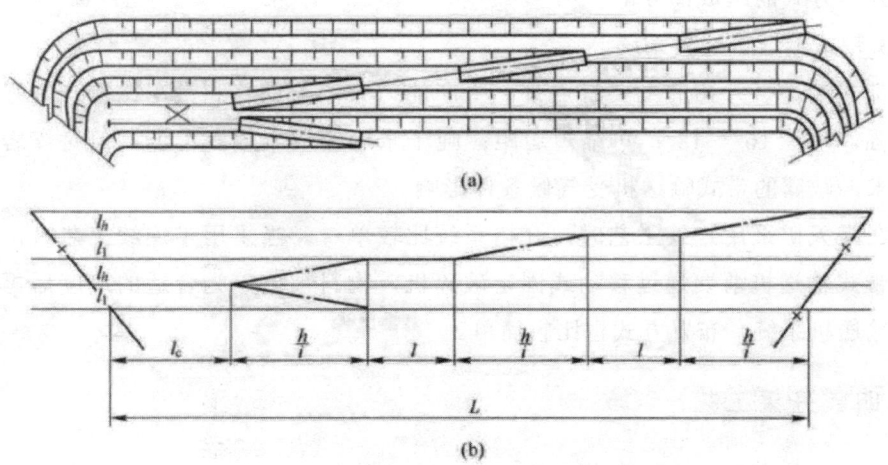

图6-3　上部直进，下部折返坑线

（a）平面投影；（b）纵断面

（2）坑线固定性

坑线设于非工作帮上称固定坑线，坑线设于工作帮上称移动坑线。固定坑线在生产中不受工作帮推进的影响，生产中不需定期移设，线路质量好。但矿床埋藏条件及水文、工程地质条件要清楚，并应有确定的最终边帮位置。

（3）多坑线系统

当露天矿煤岩运量很大时，可以设置两个或两个以上的沟道系统来满足不同需要。

2.公路运输开拓系统

公路开拓采用的运输设备是汽车，坑线坡度可达8%以上，转弯半径小，故坑线布置较为灵活。在汽车运输条件下，移动坑线的缺点已不明显，为缩短汽车运距，多采用移动坑线多出口的开拓系统。

（1）公路运输开拓特点

公路运输开拓特点：机动灵活，利于选采；矿场可设置多出入口，分采分运，运输效率高；也便于采用高、近、分散的排土场；能适应各种开采程序的需要，工作线长度可以很短，可采用基坑开掘新水平，以减少掘沟工程量；比铁道运输开拓时线路工程量小，基建时间短，基建投资少；矿岩吨千米运输成本高于铁路运输。

（2）公路运输开拓系统的适用条件

公路运输开拓系统的适用条件：地形复杂的山坡，凹陷露天矿；煤层赋存复杂（夹矸、断层多），煤质变化、要求分采的矿山；运距不长的山坡露天矿，一般小于3km，当采用大吨位运输设备时，合理运距可大于3km；公路可作为露天矿联合开拓方式的组成部分。

3.带式输送机开拓系统

带式输送机开拓的主要特点是：生产能力大；与铁路和汽车比较，其强爬坡能力强，可达16°～18°；可缩短运距；吨千米运输成本较汽车低；但对煤岩块度有要求，敞露的带式输送机受气候条件影响。

在露天矿采用连续工艺时，开拓系统比较单一。当采用半连续工艺时，物料进入带式输送机前要通过移动或固定破碎机，物料被破碎为合适的块度后再进入带式输送机系统，布置方式也比较简单。

四、开采工艺

（一）煤岩预先破碎

露天矿广泛采用的预先松碎方法是穿孔爆破，即选用合适的穿孔设备，按一定规格打出孔眼，再进行装药爆破，爆破后使煤岩松散成一定规格的块度，便于采装。

1. 穿孔

穿孔用穿孔机完成，穿孔机有冲击式和回转式两类。

（1）钢绳冲击式钻机

钢绳冲击式钻机是露天煤矿中的主要穿孔设备之一，它的工作原理如图6-4所示，靠钻具1自由下落冲击孔底而凿碎岩石。经一定时间向孔内注入定量的水，使孔底岩粉与水混合形成悬浮岩浆，再定时用取渣筒取出泥浆。

图6-4所示这种穿孔机结构简单，适应性强，易于维修，备件充足。但作业是间断式的，故穿孔效率低，劳动强度大。在岩性适宜的矿山（f≤6），月效率为5000m。

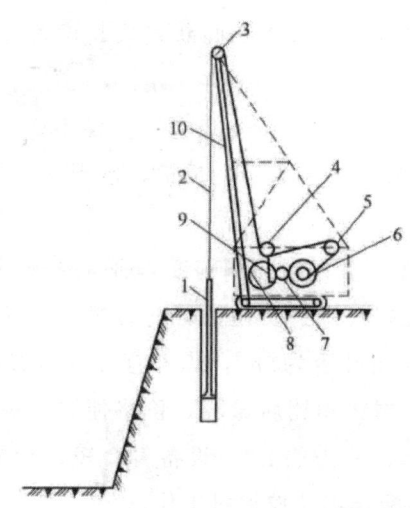

图6-4 钢绳冲击式钻机工作原理示意图

1—钻具；2—钢丝绳；3—天轮；4—压轮；5—后绳轮；
6—卷筒；7—主动齿轮；8—冲击轮；9—连杆；10—支架

（2）潜孔钻机

潜孔钻机是一种风动冲击式钻机。工作时将冲击器和钻头一起潜入钻孔，压缩空气经钻杆送入冲击器冲击钻头，孔底岩粉由压气排出孔外。

潜孔钻机结构简单，钻机机架和水平面的夹角可调（60°～90°），故可以穿凿倾斜孔，满足控制爆破要求。穿孔成本较低，穿孔效率一般比钢绳冲击钻机高2～3倍。潜孔钻机适用于中等硬度的岩石。露天矿常用潜孔钻机有CLQ-80、YQ-150A、KQ-150、KQ-200、KQ-250等型号。

（3）牙轮钻机

牙轮钻机是一种回转钻机，工作时借助推压提升机构向钻头施加高钻压和扭矩，将煤岩在静压、少量冲击和剪切作用下破碎，岩渣通过压缩空气吹出孔外。牙轮钻机效率高，适应性强，在各种硬度岩石中作业效果比其他钻机都好。在相同的穿孔条件下，牙轮钻机的穿孔效率比钢绳冲击式钻机高4～5倍，比潜孔钻机高1～2倍，且成本低。国产牙轮钻机有 KY-310、YZ-55、KY-250、YZ-35、KY-150、ZX-150A 等型号。

2.爆破

爆破工作是将煤岩从整体中分离下来，并按一定块度和工程要求堆积成一定的几何形体。露天矿用的爆破方法多是沿台阶布置单排或多排垂直炮孔，进行深孔齐发或微差爆破。

（二）采装工作

采装工作就是将软岩或预先松碎的煤岩，通过机械设备采挖并装入运输设备中，或倒卸在指定地点。得到广泛应用的间断式采装设备有单斗挖掘机、前装机和铲运机等几种形式。

1.单斗挖掘机

单斗挖掘机按其工作装置可分为正铲、反铲、刨土铲、拉铲和抓斗铲。

2.前装机

前装机将采装、短距离运输、排弃和辅助作业集于一个设备。它灵活机动，运行速度高，爬坡作业性能好，维护费用低。前装机多是轮胎式的，运输距离一般不超过150m。国产的前装机斗容为5m³，国外有斗容达22m³的前装机。

前装机和斗容相同的机械铲相比质量轻、价格便宜、操作简单。但前装机生产能力低，仅是同斗容机械铲能力的1/2。设备寿命短，轮胎和燃料消耗也很大。因此，该机多作为辅助设备配合单斗挖掘机工作。

3.铲运机

铲运机与装运机的主要区别是本身不带有储料车厢，而是带一个大容积的铲斗，铲斗装满后直接运往卸载点卸载。铲运机的结构机身分前后两部分，中间铰接。铲运机操作轻便，转弯灵活，且前后轴都是驱动轴，爬坡能力大。目前，铲运机多为柴油驱动，运距不受限制，速度快，生产能力也较高，但排出的废气不易净化，故有被电力驱动铲运机代替的可能。

（三）运输

煤岩从工作面经采装设备挖掘装入运输设备后，煤被运往卸煤站或选煤厂，岩被运往排土场，生产上所需材料等被运往指定地点。运输工作是采装和排卸的连接环节，起着"纽带"的作用，也决定着整个生产任务完成的好坏。

常用的运输方式有铁路运输、公路运输、箕斗运输和联合运输。随着运输机械的发展，公路运输能力取得了很大的提高，目前有大量先进的重型卡车被投入使用，例如卡特彼勒公司的797型卡车。

卡特彼勒 797 位列 2012～2013 年度全球最大矿山车前三，外形尺寸为 7.01m 高，14.48ni 长，9.14m 宽，当翻斗升起后高度则达到 15.24m。车上有 8 台电脑监视油压、扭矩、机器性能和轮胎温度等关键参数，797 的轮胎是米其林专门定制，每个轮胎都有 3.96m 高。

最新版 Caterpillar 797F 装备了排量 106L 的 Cat C175-20ACERT 柴油机，最大功率为 2983kW（4059 马力）。油箱容量达到 7571L，最大设计车速 67.6km/h。整备质量 260.7t，额定载重 363t，车厢容积堆装 267m³。车辆本身售价约为 340 万美元。

（四）排土

露天开采为了采煤而必须剥离的土岩，经运输设备运至一定地点排弃，这个排弃的场所称排土场。排土场可选择在开采范围以外，称外排土场；也可利用已开采的空间进行排弃，称为内排土场。

由于被剥离的土岩往往是采煤量的好几倍，所以场地的选择、容量大小、距离采场的远近都将直接影响到剥离成本。

1.排土场位置选择

排土场位置选择首先应考虑近距离排土，少占或不占农田，尽可能减少对环境的污染。为此，在近水平和缓斜煤层条件下，从开采设计上应尽可能采用采场内采空区排土；在倾斜与急倾斜煤层条件下，可利用分区开采实现内排，或将剥离物排至已采尽的采空区，这些均为内排土。内排时，采掘工作面和排土工作面间应留一定的安全距离。

为了达到近距离排土，降低采煤成本，于采场附近选择的近距排土场可以是两个或多个，但总排弃空间应能满足全部剥离量排弃的要求。

2.排土设备及排弃方式

（1）铁路运输

应用铁路运输的矿山，排土设备目前较多采用机械铲排土和推土犁排土。

机械铲排土的主要工序是翻土、挖掘机堆垒、线路移设。排土台阶分为上下两个台阶，挖掘机站在中间平盘上，将列车排弃的土倒向外侧及堆垒上部分台阶。这种排土方式排土段高随岩性变化，可达 40～50m，排土线长不小于 600m。

机械铲排土能保证较高的排土台阶，线路移设量小，线路质量好，脱道事故少，生产能力大，劳动生产率高。但需购置挖掘机，投资大，单位排土成本高。

推土犁排土。排土工序为列车翻土、推土犁推土、平整台阶和移道。

推土犁排土台阶高度通常只有 12～20m；排土线长 800～1000m，移道步距一般为 2.6～2.8m。

推土犁排土设备投资少，单位排土成本低，但排土能力较低。

（2）汽车运输

汽车运输的矿山主要采用推土机排土，作业较简单。汽车将岩土卸倒在排土场边缘后，由推土机配合将土岩推至排土场边缘外侧，而平整排土场也同时完成。

第二节　煤矿特殊开采方法

一、煤矿充填开采

充填开采就是在井下或地面用矸石、砂、碎石等物料充填采空区，达到控制岩层运动及地表沉陷的目的。充填开采有提高煤炭采出率，充分利用资源，有效控制矿压，减少地表沉陷及可在特殊条件下开采等优点，加上采空区可以作为处理废石的空间，可减少矸石等废物的堆放及环境污染，改善矿区周围生态环境，是煤矿绿色开采的重要组成部分。基于这些优点，在我国目前的能源状况及形势下，充填开采越来越受到各界的重视，充填工艺技术也在充填开采不断发展的过程中得到创新与发展。

煤矿充填开采目前主要有膏体充填、超高水材料充填、固体废弃物直接充填等技术。

（一）膏体充填技术

所谓膏体充填技术就是把煤矸石、粉煤灰等固体废物在地面加工成"无临界流速、不需脱水"的膏状浆体，利用充填栗和重力作用通过管道输送到井下，适时充填采空区的采矿方法。

1.充填材料

膏体充填技术采用的充填材料主要是煤矸石（需经过破碎和筛分）、粉煤灰、炉渣、矿渣、城市垃圾、劣质土等，加工成膏状浆体，一般膏体充填材料质量浓度大于75%，目前浓度高达88%，一般需要采用大型充填泵送至充填地点。

2.充填工艺

膏体充填工艺流程主要包括材料准备、配料制浆、管道输送、工作面充填4大部分。整个充填系统主要由膏体充填固体废物加工、充填材料储存、充填材料配制、膏体泵送、充填体构筑、检测控制、粉尘防治等构成。

（二）超高水材料充填技术

1.充填材料

充填材料主要由A、B料组成：A料主要以铝土矿、石膏等独立烧制并复合超缓凝分散剂制成；B料由石膏、石灰与复合速凝早强剂构成，同时配以悬浮分散剂。二者混合比例为1∶1；材料水体积可达97%。主要特点：材料消耗量少，材料固结体体积应变较小，凝结时间易调，输送距离不受限制等。

2.充填工艺

超高水材料充填材料为高含水材料，充填工艺与膏体充填相似，主要包括材料准备、配料制浆、管道输送、工作面充填四部分，配置浆料需A、B料分别加水搅拌，两种浆体分别通过管路输送。在充填点附近两种浆体通过混合器和混合管混合，灌注到充填空间内，可迅速固化成型。

目前常用的充填方式为采空区全袋（包）式充填法，该种方式需要在支架移出一定空间后，在后部挂设充填包，然后向充填包内灌注超高水混合材料。

（三）综合机械化固体实充填采煤技术

综合机械化固体实充填采煤技术的基本思想是将地面的矸石、粉煤灰、建筑垃圾、黄土、风积沙等固体废弃物通过垂直连续输送系统运输至井下，再用带式输送机等相关运输设备将其运输至充填工作面，借助充填物料转载输送机、充填采煤液压支架、多孔底卸式输送机等充填采煤关键设备实现采空区密实充填。井下掘进矸石破碎后，可以直接运输至工作面进行充填。

1.固体密实采煤关键设备

综合机械化固体密实充填采煤关键设备包括采煤设备与充填设备。其中采煤设备主要有采煤机、刮板输送机、充填采煤液压支架等；充填设备主要有多孔底卸式输送机、自移式充填物料转载输送机等。

（1）充填采煤液压支架

充填采煤液压支架是综合机械化固体密实充填采煤工作面主要装备之一，它与采煤机、刮板输送机、多孔底卸式输送机、夯实机配套使用，起着管理顶板隔离围岩、维护作业空间的作用，与刮板输送机配套能自行前移，推进采煤工作面连续作业。

（2）多孔底卸式输送机

多孔底卸式输送机是基于工作面刮板输送机研制而成的，其基本结构同普通刮板机类似，不同之处是在多孔底卸式输送机中部槽上均匀的布置卸料孔，用于将充填物料卸载在下方的采空区内。多孔底卸式输送机机身悬挂在后顶梁上，与综采面上、下端头的机尾、机头，组成整部的多孔底卸式输送机，用于充填物料的运输，与充填采煤液压支架配合使用，实现工作面的整体充填。夯实机安装在支架底座上，对多孔底卸式输送机卸下的充填物料进行压实。为了控制卸料孔的卸料量以及卸料速度，在卸料孔下方安置有液压插板，在液压油缸的控制下，可以实现对卸料孔的开启与关闭。

（3）自移式充填物料转载输送机

为了实现固体充填物料自低位的带式输送机向高位的多孔底卸式输送机机尾的转载，自移式充填物料转载输送机由两部分组成，一部分是具有升降、伸缩功能的转载输送机，另一部分是能够实现液压缸迈步自移功能的底架总成。可调自移机尾装置也由两部分组成，一部分是可调架体，另一部分也是能够实现液压缸迈步自移功能的底架总成。转载输送机和可调自移机尾装置共用一套液压系统，操纵台固定在转载输送机上。

2.固体密实采煤与充填工艺

（1）采煤工艺

采煤工艺与综合机械化采煤工艺相同。

（2）充填工艺

充填工艺流程为：在工作面刮板运输机移直后，将多孔底卸式输送机移至支架后顶梁后部，进行充填。充填顺序由多孔底卸式输送机机尾向机头方向进行，当前一个卸料孔卸料到一定高度后，即开启下一个卸料孔，随即启动前一个卸料孔所在支架后部的夯实机千斤顶推动夯实板，对已卸下的充填物料进行夯实，如此反复几个循环，直到夯实为止，一般需要2~3个循环。当整个工作面全部充满，停止第一轮充填，将多孔底卸式输送机拉

移一个步距，移至支架后顶梁前部，用夯实机构把多孔底卸式输送机下面的充填料全部推到支架后上部，使其接顶并压实，最后关闭所有卸料孔，对多孔底卸式输送机的机头进行充填。

二、煤与瓦斯共采

煤炭是我国主体能源，瓦斯作为煤的伴生产物，不仅是煤矿重大灾害源和大气污染源，更是一种宝贵的不可再生能源。我国瓦斯总量大，与天然气总量相当，且随着采深的增加，瓦斯含量将显著增大。实现煤与瓦斯共采，是深部煤炭资源开采的必然途径。深部煤与瓦斯共采不仅能保障我国经济持续发展对能源的需求，还将进一步提升我国煤矿安全高效洁净的生产水平，尤其对优化我国能源结构、减少温室气体排放具有十分重要的意义。

煤与瓦斯共采从两种资源开采顺序上主要有3种方式：

（一）先采瓦斯后采煤

通过预先抽采部分瓦斯，消除突出危险，提高开采安全性。包括：顶底板穿层钻孔预抽瓦斯，保护层开采预抽主采煤层卸压瓦斯，顺层钻孔预抽瓦斯。

（二）煤与瓦斯同采

在掘进工作面掘进和采煤工作面回采的同时，利用工作面前方应力变化使煤层透气性增加的有利条件，抽采煤体内瓦斯。同时采用顶板走向钻孔或巷道抽采工作面采空区积聚的大量瓦斯，既避免了采空区瓦斯涌入工作面造成上隅角瓦斯积聚和回风流瓦斯超限，又将采空区高浓度瓦斯抽至地面得以利用。

（三）先采煤后采瓦斯

多开气源，确保利用，在采煤工作面或采区结束后，对密闭的采空区进行抽采。主要方法是在密闭墙内接管抽采或从地面钻孔抽采。

目前煤与瓦斯共采技术的难点主要集中于瓦斯的抽采，主要有以下几种抽采技术体系：

（一）卸压开采抽采瓦斯技术体系

首采层卸压增透消突技术：首采层均为突出煤层，采用瓦斯抽采母巷钻孔法预抽瓦斯卸压消突。瓦斯含量法预测煤与瓦斯突出技术：针对首采层开展突出机理及规律、突出预测预报新技术研究；寻找新的突出预测预报方法和指标，建立矿区防突预测预报指标体系。应用微震技术探测首采层采动覆岩裂隙发育区，从而确定高位环形体裂隙发育等瓦斯富集区，进一步优化瓦斯抽采工程设计，逐步实现瓦斯抽采工程准确化。针对首采层松软煤层开发成功快速全程护孔筛管瓦斯抽采技术，完善了高压水射流割缝增透煤层气抽采技术。针对深井井巷揭煤开发了快速揭煤技术，形成低透气性煤层群卸压开采抽采瓦斯技术：开发了首采煤层顶板抽采富集区瓦斯技术，开发了大间距上部煤层抽采被卸压煤层解析瓦斯技术，开发了多重开采下向卸压增透瓦斯抽采技术，开发了地面布置钻孔抽采被卸压煤层解析瓦斯技术。开发了无煤柱护巷围岩控制关键技术；主动整体强化锚索网注支护、抗强采动巷内自移辅助加强支架、巷旁充填墙体支护三位一体的围岩控制技术；高承载性能的巷旁充填墙体支护材料，研制成功了巷旁充填一体化快速构筑模板支架。开发成功了无煤柱（护巷）Y型通风留巷钻孔法抽采瓦斯关键技术：首采层采空区留巷钻孔法抽采瓦斯技术，留巷钻孔法上向钻孔抽采卸压煤层瓦斯技术，留巷钻孔法下向钻孔抽采卸压煤层瓦斯技术。

（二）全方位立体式抽采瓦斯技术体系

主要技术包括：钻孔裂隙带抽采、高位抽采巷抽采、回采工作面下隅角综合抽采、采空区瓦斯抽采技术、采动煤岩移动卸压增透抽采瓦斯技术、原始煤层强化抽采瓦斯技术区域性卸压开采消突技术、本煤层长钻孔抽采瓦斯技术、深部开采安全快速揭煤技术、深井低透气性煤层井筒揭煤防突关键技术、高瓦斯煤矿电网重大灾害监控预警技术等。高瓦斯近距离煤层群顶板顺层千米大直径钻孔实现"煤与瓦斯共采"技术，解决了多年来严重制约矿井发展的瓦斯难题，实现煤与瓦斯安全高效共采，解决了近距离高瓦斯煤层群开采过程中综采工作面上隅角和回风流中浓度超限这一难题，结合千米定向钻机，提出了高抽钻孔组和顶板裂隙钻孔组联合抽采瓦斯技术。

（三）深部薄厚煤层瓦斯抽采技术体系

针对深部薄煤层，采用 Y 型通风技术，并在留巷段施工网格立体式穿层钻孔，拦截抽采邻近突出煤层的卸压瓦斯，实现了无煤柱煤与瓦斯共采。高瓦斯特厚煤层煤与瓦斯共采技术：利用首采煤层的卸压增透增流效应，采用专用瓦斯巷与穿层钻孔的方法，可以使处于弯曲下沉带的远距离有煤与瓦斯突出危险煤层消除突出危险，能够实现煤与瓦斯两种资源安全、高产、高效共采；采用高抽巷方法，可以对处于上覆采动断裂带的中距离卸压瓦斯实施抽采，能够实现煤与瓦斯两种资源安全、局产、高效共采。

三、煤炭流态化开采

流态化开采是指将深部固体矿产资源原位转化为气态、液态或气固液混态物质，在井下实现无人智能化的采选充、热电气等转化的开采技术体系。该技术突破了固体矿产资源临界开采深度的限制，使深地煤炭资源开采可以像油气开发那样实现"钻机下井，人不下井"，依靠压差作用进行开采，从根本上颠覆固体资源的开采模式。实现深地煤炭资源的流态化开采，关键在于要去探索深地井下采、选、充、气、电、热的一体化无人、智能采掘与转化系统，通过无人作业、智能采掘、原位转化、高效传输等颠覆性技术，实现将深地固体资源气化、液化、电气化等系统的流态化开采。

煤炭资源开采、清洁燃烧、环保利用与 CO_2 减排一直是国际上重点关注的内容，作为煤炭开采与消费大国的中国，如果能够实现深地煤炭资源的采、选、充、电、气的原位、实时和一体化开发的颠覆性开采模式，不仅能够解决中国经济高速发展对能源需求短缺的问题，实现煤炭资源开采深度上的突破，为中国乃至世界资源可开采可利用的总量翻番提供理论与技术支撑，同时还能够在煤炭资源高效开采、清洁燃烧、环保利用与 CO_2 减排等方面为世界做出贡献。未来的煤矿将是清洁、安全、智能、环境协调、生态友好的电力传输和能源调蓄基地。

深部煤炭资源流态化开采构想包括以下主要技术流程：

（一）无人采掘

以深地无人智能盾构作业（TBM）破割煤岩体，通过传送设施将矿物块粒传送至分选模块。

（二）智能分选

通过重力分选，将煤炭与矸石进行分离，并将矸石回填至采空区。

（三）原位转化

在深部原位实现煤炭资源的液化、气化、电化、生物化等系统流态化。

（四）充填调控

转化后的矿渣进行混合加工，形成充填材料回填采空区，用以控制岩层运动与地表沉陷，实现安全、绿色开采。

（五）高效传输与智能调蓄

深部煤炭资源通过原位转化，以流态化形式高效智能传输至地表，并结合深地热能利用，使传统概念的煤炭企业成为电力传输和清洁能源的调蓄基地。

四、煤炭精准开采

煤炭精准开采是基于透明空间地球物理和多物理场耦合，以智能感知、智能控制、物联网、大数据云计算等作支撑，具有风险判识、监控预警等处置功能，能够实现时空上准确安全可靠的智能少人（无人）安全精准开采的新模式新方法。

结合煤炭发展现状及长远要求，精准开采将分两步实施：第 1 步是实现地面和井下相结合的远程遥控式精准开采，即操作人员在监控中心远程干预遥控设备运行，采掘工作面落煤区域无人操作；第 2 步是实现智能化少人（无人）精准开采，即采煤机、液压支架等设备自动化智能运行、惯性导航。煤炭精准开采将最终实现地面远程控制的智能化、自动化、信息化和可视化，实现煤炭开采的少人（无人）、精确、智能感知和灾害智能监控预警与防治。

煤炭精准开采涉及面广、内容纷繁复杂，实施过程中需要解决诸多科学问题。

（一）煤炭开采多场动态信息（如应力、应变、位移、裂隙、渗流等）的数字化定量

传统采矿多依赖经验、凭借定性分析开采，精准开采是传统采矿与定量化智能化的高度结合，开发出多功能、多参数的智能传感器。以开采沉陷的精准控制为例，需要快速而精确地实现对开采沉陷数据的识别、获取、重建，以达到开采沉陷的信息化、数字化及可视化，为进一步的定量化预测奠定基础。

（二）采场及开采扰动区多源信息采集、传感、传输。煤炭井下开

采涉及应力场、裂隙场、渗流场等诸多问题

采场及开采扰动区地应力、瓦斯压力、瓦斯涌出量、裂隙发育区等信息准确获取至关重要。精准开采在该方面涉及的关键科学问题包括采场及开采扰动区多源信息采集传感、矿井复杂环境下多源信息多网融合传输以及人机环参数全面采集、共网传输等。

（三）基于大数据云技术的多源海量动态信息评估与筛选机制

随着煤矿物联网覆盖的范围越来越广，"人、机、物"三元世界在采场信息空间中的交互、融合所产生的数据越来越大，基于大数据云技术的多源海量动态信息评估与筛选机制的研究愈发重要。精准开采在该方面涉及的关键科学问题包括井下掘进定位以及应力场-应变场-裂隙场-瓦斯场等多物理场信息定量化采集，多源、海量、动态、多模态等特征传感信息评估与筛选，多维度信息复杂内在联系，质量参差不齐、不确定等海量信息的聚合、管理与查询，可视化、交互式、定量化、快速化、智能化的多物理场信息智能分析系统搭建等。

（四）基于大数据的多相多场耦合灾变理论研究

煤炭开采涉及固-液-气三相介质，在开采扰动作用下三者相互影响、相互制约、相互联系，形成采动应力场-裂隙场-渗流场-温度场的多场耦合效应，研究煤炭开采灾害的多相多场致灾机理是精准开采的重要内容。精准开采在该方面涉及的关键科学问题包括开采扰动及多场耦合条件下灾害孕育演化机理、灾变前兆信息采集传感传输、灾变前兆信息挖掘辨识方法与技术等。

（五）深度感知灾害前兆信息智能仿真与控制

与基于被控对象精确模型的传统控制方式不同，智能仿真与控制可直观的展示井下采场情况，模拟不同开采顺序、工艺等引起的采动变化等，更好地解决煤矿复杂系统的应用控制，更具灵活性和适应性。精准开采在该方面涉及的关键科学问题涵盖矿山地测空间数据深度感知技术、矿山地质及采动信息数字化、矿山采动及安全隐患智能仿真、开采模拟分析与智能控制软件开发等。

（六）矿井灾害风险预警

矿井灾害风险超前、动态、准确预警是煤矿安全生产的前提。精准开采在该方面涉及的关键科学问题包括矿井灾害致灾因素分析、矿井灾害预警指标体系的创建、多源数据融合灾害风险判识方法及预警模型、灾害智能预警系统等。

（七）矿井灾害应急救援关键技术及装备

快速有效的应急救援是减少事故人员伤亡和财产损失的有效措施。精准开采在该方面涉及的关键科学问题包括救灾通信、人员定位及灾情侦测技术与装备，灾难矿井应急生命通道快速构建技术与装备，矿井灾害应急救援通信系统网络等。

五、煤炭近零生态环境影响开采

以煤炭资源组分和性质为基础，以能值为衡量基准，采取针对性手段或措施，实现煤炭开发利用效能（或效用）且少影响或不影响生态环境的理念。主要包括以下内容：

（一）煤炭的资源属性

煤炭是一种资源，由多种组分组成，本身并没有"肮脏"与"清洁"之分。开发过程中少扰动或不扰动生态环境，利用过程中各种组分充分利用，不排放到环境中，自然不会造成生态环境影响。煤炭绿色低碳开发利用核心不在煤炭本身，而在于开发利用煤炭的方式和技术。

（二）煤炭开发利用的能值衡量标准

煤炭开发利用以实现效能（或效用）为根本目标，评价煤炭开发利用的价值不在于开发利用了多少煤炭和怎么开发利用煤炭，而在于煤炭开发利用实现了多少利用者需要的有效能量或者实现了多少利用者需要的效用。

（三）煤炭近零生态损害开发和近零污染物排放利用理念

煤炭开采地表近零均匀沉降，地下水资源得到科学保护和利用，矿区环境得到有效修复和保护，向改善环境的方向发展，甚至开采后生态环境有所改善。利用过程污染物排放达到近零排放水平，在实现相同能值的统一标准下，甚至低于利用太阳能实现同等效用全过程对应的排放量。

根据现有基础和可能的研发进程，提出近零生态损害科学开采的发展路线，可划分为"2025技术升级与换代""2035技术拓展与变革""2050技术引领与深地空间利用"3个阶段：

（一）2025年前

超低生态损害的信息化、自动化开采。主要在绿色生产理念基础上进行技术和方法上的创新，通过高精度非接触式地质构造精确探测技术、复杂地形绝对空间导航定位及三维虚拟现实、互联网、信息化、自动化等技术的实现，完成煤炭开采技术的升级与换代，实现超低生态损害的信息化、自动化开采。

（二）2025～2035年

近零生态损害的智能化、无人化开采。在信息化、自动化基础上，进一步进行开采理念上的变革与创新，通过"透明矿井"地质全信息可视化、深地钻探与精确制导、伴生物共采一体化开发、地热利用、地下气化开采等技术的实现，完成煤炭开采技术的拓展与变革，实现近零生态损害的智能化、无人化开采。

（三）2035～2050年

智慧能源系统。主要进行智能化、无人化开采技术的集成及应用，通过深部开采的应力场、裂隙场、渗流场的精确探测及可视化、井下煤炭流态转化（制气、制油、发电）远程智能化控制，完成大型煤矿智能化、无人化建设，形成煤基多元协同与原位采用一体化和深地空间利用的智慧能源系统，实现零生态损害的绿色开采目标。

第七章　煤炭的提质

　　煤炭提质的目的在于改善煤炭质量、提高资源利用效率、降低燃煤污染、节约运输资源。常用的煤炭提质加工技术有煤炭分选、配煤、型煤、水煤浆、热解、液化、气化、煤炭燃烧与发电技术，通过采用先进的煤炭提质、煤基材料和煤共伴生资源综合利用技术，实现煤炭精细化加工、深度提质和分质分级，优化煤炭产品质量，实现煤及伴生资源的全组分综合利用。

第一节　煤炭分选

　　选煤是根据煤中不同组分的性质差异而将其分选成不同质量产品的加工过程。在煤炭开采过程中，会混入煤层顶底板岩石和煤层间的夹矸，通过对原煤进行分选加工，能够脱除其中大部分无机矿物质，降低煤的灰分和硫分，从而有效改善煤炭产品质量，优化煤炭产品结构。

一、概述

　　无论是动力用煤，还是化工用煤或民用煤，煤中的灰分和硫分都是十分有害的。煤炭燃烧时，其中的绝大部分矿物质不仅不产生热量，反而还要吸收部分热量后随炉灰排出。就动力煤而言，灰分每增加1%，会多消耗2%～2.5%的煤炭，我国电厂煤粉锅炉燃原煤热效率一般为28%左右，如改燃分选后的煤，热效率可提高到35%。就炼焦煤而言，灰分每降低1%，相应炼出焦炭的灰分将降低1.33%左右；对于后续的炼铁过程，焦炭灰分每降低1%，高炉的焦炭消耗量可节约1.0%～2.0%，同时还将少用4%的石灰石，这样，高炉可多装一些铁矿石，生铁产量提高约2.2%，国家标准规定炼焦精煤的灰分一般不应超过11.5%。

　　煤炭中的硫分危害极大，硫分在燃烧过程中产生SO_2、SO_3、H_2S等酸性气体严重污染大气，每分选1亿吨原煤，一般可减少燃煤排放 SO_2 量100万～150万吨。

我国煤炭资源的90%以上赋存在长江以北，北煤南运、西煤东运的局面将长期存在。根据发改委消息，2019年我国通过铁路运煤约23亿吨，煤炭运量占铁路运量的57%以上，平均运距8000多千米。因此如果煤炭不加分选，直接运输含有大量有害矸石的原煤，会造成运力和运费的极大浪费。按原煤平均含矸20%计，每年铁路运送矸石量为4亿多吨，多占铁路运力580亿吨·km。通过分选加工可以除去煤炭中大量的矸石，从而有效节约运力，减轻运输部门负担。

因此，选煤是一项经济有效的清洁煤生产技术，是洁净煤技术的源头技术，具有重大的社会经济意义，它已成为煤炭工业现代化水平的重要标志之一。

现代的选煤方法主要是机械化选煤，是依据煤与矸石在密度、硬度、表面润湿性及电磁性质等物理性质和物理-化学性质方面的差异，在一定的分选机械中分离，并经过一系列辅助作业，最终获得各种质量规格的煤炭产品。选煤方法有多种，如图7-1所示。

重选是应用最广的选煤方法，尤以湿法重选最为常见。在湿法重选中，跳汰选出现最早，且至今仍为重要选煤方法之一，适宜于处理易选及中等可选的煤炭；重介质选是分选效率最高的选煤方法，已广为应用，适用于处理难选煤；溜槽选是古老的选煤方法，近年较少应用。各种选煤方法适应的原煤粒度范围不同。动筛跳汰和重介质分选机可处理粒度为13～400mm粒级的块煤；定筛跳汰可分选0.5～100mm的宽分级或不分级原煤；重介质分选机适合处理6～1000mm粒级的原煤，重介质旋流器适于处理0.5～200mm粒级的原煤，浮选法适于处理小于0.5mm的煤泥。在重选和浮选之间，可用水介质旋流器、螺旋分选机、干扰床分选机或摇床搭接，处理0.5～3mm粒级的粗煤泥。

二、跳汰选煤

跳汰选煤是指原煤主要在垂直升降的变速介质流中按密度差异进行分选的过程。跳汰选煤所用的介质可以是水（水力跳汰），也可以是空气（风力跳汰）。

被选物料给到跳汰机的筛板上，形成一个密集的物料层，这个密集的物料层称为床层。在给料的同时，从跳汰机下部透过筛板周期地给入，上下交变水流，物料在水流的作用下进行分选。首先，在上升水流的作用下，床层逐渐松散悬浮，这时床层中的矿粒按照其本身的特性（密度、粒度和形状）做相对运动，进行分层。上升水流结束后，在休止期（停止给入压缩空气）以及下降水流期间，床层逐渐紧密，并继续进行分层。待全部煤粒都沉降到筛面上以后，床层又恢复了紧密状态，这时大部分矿粒彼此间已丧失了相对运动的可能性，分层作用几乎全部停止。只有那些极细矿粒，尚可以穿过床层的缝隙继续向下运动（这种细粒的运动称作钻隙运动）并继续分层。下降水流结束后，分层暂告终止，至此完成一个跳汰周期的分层过程。

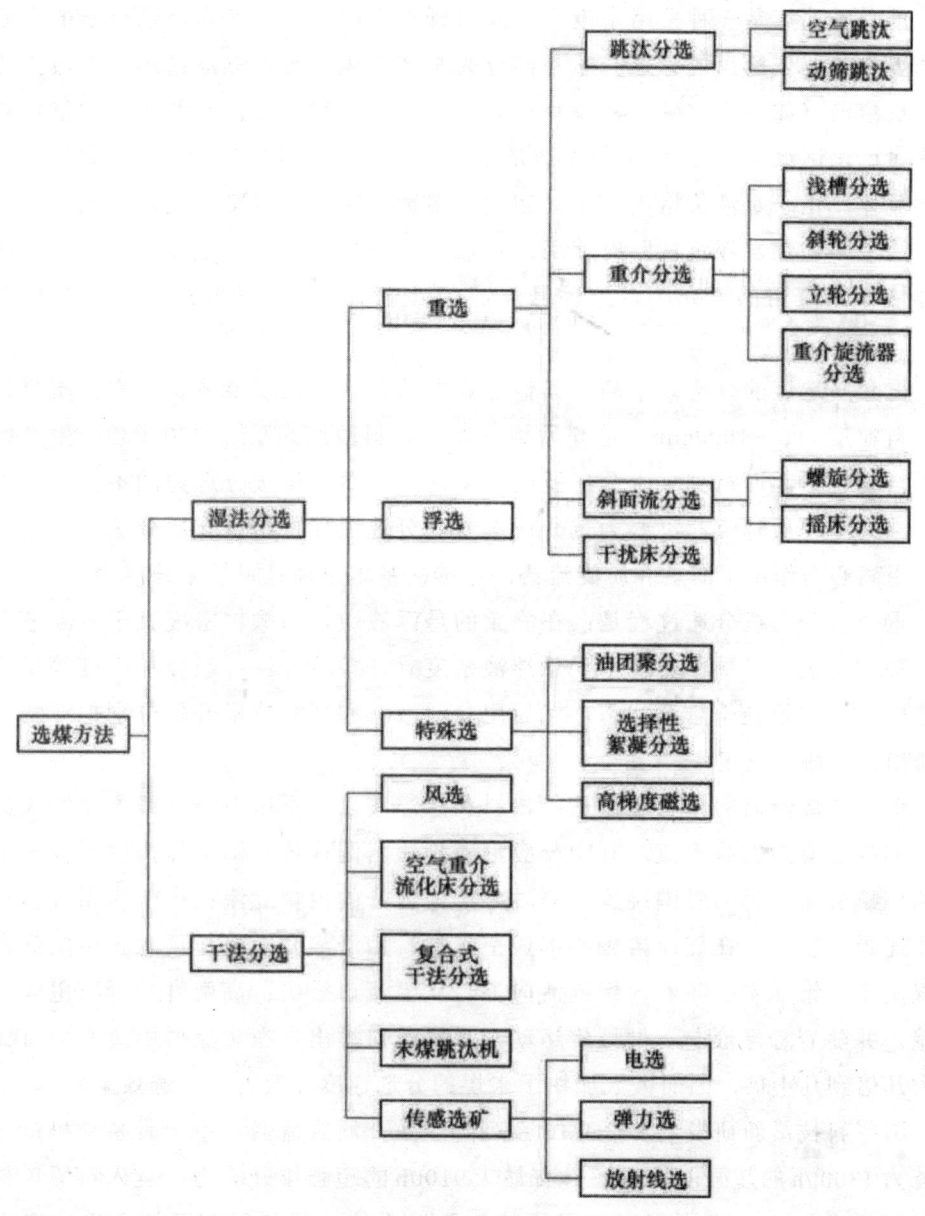

图 7-1 选煤方法分类

跳汰分选法工艺系统简单、设备操作维修方便、处理能力大、投资少，对于易选和中等可选性的原煤有足够的分选精度，因此，在生产中应用很普遍，是重选中最重要的一种分选方法。另外跳汰选煤处理的粒度级别较宽，在 0.5～150mm 范围内，既可以分级入选，也可以不分级入选。跳汰选煤的适应性强，除极难选煤外，均可优先考虑用跳汰方法处理。

三、重介质选煤

重介质选煤是一种采用密度介于煤与矸石之间的液体作为分选介质的高效重力选煤方法。依所用的分选介质不同分为重液选煤和重悬浮液选煤。重液主要包括有机溶液（如四氯化碳、三溴甲烷苯、二甲苯）和无机盐水溶液（如氯化锌水溶液、氯化钙水溶液）；而重悬浮液是指高密度的固体微粒与水配制成悬浮状态的两相流体。由于重液价格高、不易回收、多数还有毒性或腐蚀性，因此，一般只在实验室中做煤炭浮沉试验时使用。目前，国内外普遍采用磁铁矿粉与水配制的悬浮液作选煤用的重介质，这种悬浮液可以配制成需要的密度，而且容易净化回收。

重介质选煤的分选效率高于其他选煤方法，入选粒度范围宽（重介质分选机的入料粒度为6～1000mm，重介质旋流器的入料粒度为0.5～200mm），生产控制易于自动化，因而得到了十分广泛的应用。重介质选煤按分选力的不同可分为两种：重力重介质选煤和离心力重介质选煤。分选块煤采用重介质分选机，分选末煤采用离心力作用下的重介质旋流器。分选的基本原理是阿基米德浮力定律。

重介质分选机分选过程是：在静止的悬浮液中，当颗粒密度大于悬浮液密度时，颗粒下沉；当颗粒密度小于悬浮液密度时，颗粒上浮；当颗粒密度等于悬浮液密度时，颗粒处于悬浮状态，然后用悬浮液流和刮板或提升轮分别把浮物和沉物排出，完成分选工作。

重介质旋流器的分选过程是：物料和悬浮液以一定压力沿切线方向给入旋流器，形成强有力的旋涡流。其中一股沿着旋流器圆柱体和圆锥体内壁形成一个下降的外螺旋流；另一股围绕旋流器轴心形成上升的内螺旋流；由于内螺旋流具有负压而吸入空气，在旋流器轴心形成空气柱；由于离心力的作用入料中的低密度精煤集中在锥体中心随着内螺旋流向上，从溢流口排出；高密度的矸石甩向锥体内壁，并随着悬浮液向下做螺旋运动，从底流口排出。在旋流器中离心力可比重力大几倍到几十倍，因而大大加快了末煤的分选速度并改善了分选效果。

国华科技最新研发的S-GHMC系列超级重介质旋流器，不但具备单机最大处理能力1300t/h的超强能力，还具有最大910t/h的超强排矸能力，且入料原煤粒度上限超过200mm。它不但取消了原料煤脱泥系统，更使所有预排矸系统变得多余。超级重介质旋流器已在贵州仲恒、山西南关等选煤厂成功投入运行。据检测，入选中等可选性原料煤的仲恒选煤厂，一段可能偏差0.022kg/L、二段0.034kg/L；矸石带-1.8kg/L密度级煤0.79%、精煤带1.8kg/L密度级矸石0.00%。

四、浮游选煤

浮游选煤简称浮选，浮选是利用煤和矸石表面物理化学性质（特别是表面润湿性）差异在固-液-气三相界面进行的一种选别技术。将煤泥在搅拌桶内配制成一定浓度的煤浆，加入药剂后充分搅拌，搅拌后的煤浆进入浮选机，在浮选机的搅拌充气作用下，矿粒与气泡相互碰撞，由于煤粒的表面润湿性差，碰撞时粘附到气泡上，被气泡带到水面的矿化泡沫层形成浮选精煤，而矸石的润湿性好，碰撞时不与气泡附着，仍留在矿浆中成为浮选尾煤。

浮选的入料粒度上限 0.5mm，浮选是当前分选煤泥最有效的方法，对选煤厂煤泥水处理和回收细粒精煤起着重要的作用，搞好细粒精煤回收，不仅使煤炭资源得到充分合理的利用，而且也可提高经济效益。

浮选是利用矿物的表面疏水性差异借助气泡作为载体进行的选别作业，图 7-2 是水滴和气泡在不同矿物表面的铺展情况，图 7-2 中矿物的上方是空气中水滴在矿物表面的铺展形态，从左至右，随着矿物亲水程度的减弱，水滴越来越难于铺开而成为球形；图 7-2 中矿物的下方是水中气泡在矿物表面附着的形态，气泡的形状正好同水滴的形状相反，从右向左，随着矿物表面亲水性的增强，气泡变为球形。显然，在水中亲水性矿物难以同气泡附着，可浮性差；而疏水性矿物易与气泡附着，可浮性好。

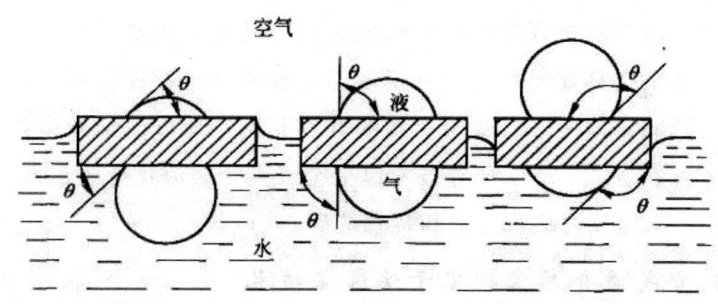

图 7-2　矿物表面的润湿现象

煤泥的可浮性是指煤泥浮选的难易程度，它主要取决于煤岩成分、煤的煤化度、矿物杂质及其嵌布特征、表面氧化程度及粒度组成等。

煤的天然可浮性好，但是煤的结构复杂，含有非极性、杂极性和极性的物质，因而在表面各处的极性和疏水性不同。在暴露出的芳香核网面上，特别是各种碳氢化合物的部位，水化作用弱，疏水性强；而在有含氧官能团的地方水化作用强，是亲水部位。嵌布于煤有机质中的无机矿物，如石英、黏土类矿物，水化作用强，也是亲水的。煤中的黄铁矿，其水化程度比其他成灰矿物弱，具有较强的疏水性。

煤的煤化度对煤的可浮性有很大影响。通常，中等煤化度的煤（如焦煤、肥煤）具有最好的可浮性，煤化度高和煤化度低的煤，其可浮性均有所下降。煤化度低时，含氧官能团数量大，孔隙率达10%以上；煤化度高时，亲水的含氧官能团数量虽有些下降，但侧链含量也减少，而且侧链变短，使疏水程度降低，孔隙率也比中等煤化度有所增加，因此，在这两种情况下，可浮性均较差。

煤表面容易氧化，煤氧化后可浮性变差。煤表面是否存在官能团是决定煤能否氧化的重要因素，煤在水中的氧化比在空气中要剧烈得多，所以煤的浸泡时间对煤的可浮性有很大的影响。

为了全面了解煤泥的实际可浮性情况及实际分选效果，必须对煤泥进行浮选试验，根据产品质量的要求和试验结果，制定合理的浮选工艺流程。浮选试验所用的仪器设备、方法和步骤，可按国家标准《煤粉（泥）浮选试验第1部分：试验过程》（GB/T 30046.1—2013）和《煤粉（泥）浮选试验第2部分顺序评价试验方法》（GB/T 30046.2—2013）的规定执行。

五、干法分选

干法分选技术具有投资少、生产成本低、劳动生产率高、精煤回收率高、不用水、选后精煤水分低、可出多种灰分不同的产品、适应性强、入料粒度范围宽、除尘效果好、占地面积小、建设周期短、维修量小等特点，对于干旱地区和严寒地区采用干法选煤更具有特殊意义。在我国占可采储量2/3以上的煤炭地处山西、陕西、内蒙古西部和宁夏等严重缺水地区，因而无法大量采用现在耗水量较大的湿法选煤方法来提高煤质。在国外很多国家和地区也存在类似问题，如在美国西部因缺水而影响该地区丰富煤炭资源的开发利用，所以研究新型高效干法选煤技术在中国是当务之急。干法分选技术包括空气重介质流化床干法选煤、风力选煤、复合式选煤、末煤风力跳汰分选和传感选矿。

（一）空气重介质流化床干法选煤技术

空气重介质流化床干法选煤技术是选煤领域里的一种新型的高效干法分选技术。不同于传统的风力选煤，它以气固两相流作为分选介质，可以准确地将物料按密度分离，其分选效果与湿法重介选相当，是一种很有前途的分选方法。

从20世纪60年代开始，美国、加拿大、苏联等国先后开展将流态化技术应用于煤炭分选的研究工作，但都未能实现工业化。我国率先将空气重介质流化床选煤技术投入工业化生产，为我国缺水、严寒地区和易泥化煤炭的分选开辟了一条新途径。

空气重介质流化床干法分选机是物料完成干法分选、分离的主要设备，结构如图7-3所示。物料在分选机中的分选过程是：经筛分后的50～6mm块状物料与加重质分别加入分选机中，来自风包的具有一定速度的有压气体经底部空气室通过气体分布器均匀作用于加重质而发生流化作用，在一定的工艺条件下形成具有一定密度的均匀稳定的气固两相流化床。物料在流化床中按密度分层，小于床层密度的物料上浮，称为浮物，大于床层密度的物料下沉，称为沉物。分层后的物料分别由低速运行的无极链刮板输送装置逆向输送，浮物如精煤从右端排料口排出，沉物如矸石或尾煤从左端排料口排出；分选机下部各风室与供风系统连接，设有风压与各室风量调节及指示装置。分选机上部与引风除尘系统相连，设计引风量大于供风量，以使分选机内部呈负压状态，可有效地防止粉尘外逸。

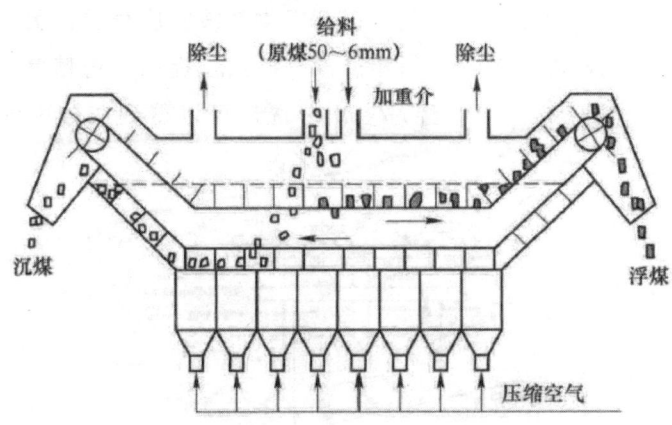

图7-3 空气重介流化床干法分选机结构

（二）风力选煤法

风力选煤是较为常见的一种干法选煤技术，主要在空气中，依据煤炭与矸石杂质之间的密度差异进行重力分选的。主要原理是在平面上施加上升气流，进而通过气流强度变化来对煤炭资源进行分选，在多数情况下会使用倾斜平面结构，依据设备运作方式的差异，呈现出大致两种风力选煤途径：第一种途径是在分层时通过机床振动变化和气流强度变化对煤矿进行分选，一部分质量低、密度小的煤矿自然从末端排出，而重量大的煤矿则被分选出；另一种风力选煤法是通过气流摇动呈现出复合效果，将密度较高的矸石从煤炭中分选出来，最后剩下的产物就是精煤和中煤。两种拣选方式的原理相同，分选差异主要体现在机械运作方式和分选对象上：1.通过过滤法将矸石从原煤中拣选出来；2.通过筛选法将精煤从煤矿中分选出来。

风力选煤法在煤炭工业中应用相对广泛，由于技术整体相对成熟，成本相对低廉，性价比比较突出。但风力选煤法在精度上会有明显缺陷，且拣选方式粗糙，进而经常容易出现杂质超标和矸石残留现象，一方面难以保障风力选煤对精煤的有效分选，另一方面风力选煤对杂质的过滤能力也相当有限。

（三）复合式选煤法

复合式选煤法其实是传统振动法和风力选煤技术的结合，以空气和煤粉为介质，以空气和机械振动为动力，使物料松散并按密度进行分选。如图7-4所示，入选煤由给料机送到给料口，进入具有一定纵向和横向坡度的分选床，在床面上形成一定厚度的物料床层。底层料物受振动惯性力作用向背板运动，上层物料在重力作用下沿床层表面下滑，由于振动力和物料的压力，使不断翻转的物料形成螺旋运动并向矸石端移动，因床面宽度逐渐减缩，密度小的煤从表面下滑，通过调节排料挡板，使最上层煤不断排出；风力通过床面上均匀分布的若干垂直风孔，作用于分选物料，一方面使物料松散，以利于物料按密度分层；另一方面，上升气流与物料中所含细粒煤形成气固两相悬浮介质层，提高分选精度。物料在每一运动周期都受到一次分选作用，经过多次分选后可以得到灰分由低到高的多种产品。

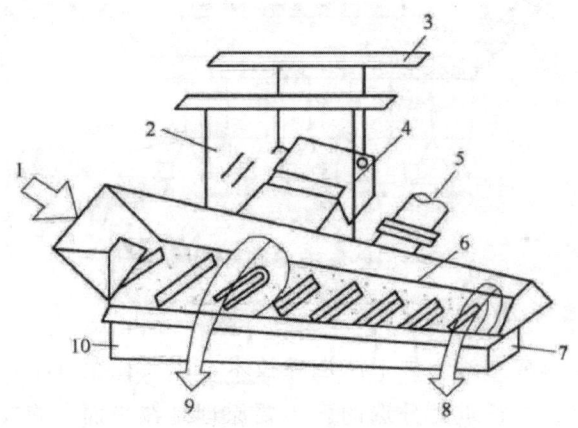

图7-4　复合式干法分选机的结构

1-入料；2-吊挂装置；3-机架；4-电磁振动器；5-风；6-分选床；
7-挡板；8-矸石；9-精煤；10-空气室

（四）末煤跳汰分选

末煤跳汰分选也是风力跳汰分选的一种，分选设备主要是干法末煤跳汰机，干法末煤跳汰机是借鉴湿式跳汰机工作原理，独立设计研究出的新一代末煤干选设备，它分选效果好，运行成本低。该设备由分选床体、布风机构、卸料装置和控制系统等构成，在适当的供风系统和除尘系统下工作。物料进入分选床后，形成由重力、振动力、摩擦力及上升气流作用的3个分选过程，每个过程分选出一种重产品，最后过程选出精煤。该设备适应入料小于13mm粒度的末原煤，有效分选粒度13～3mm。干法末煤跳汰机由机架、悬挂装置、分选床、摊平装置、集尘罩、激振器（八级振动电机）、可调风室、脉动供风装置、卸料装置、入料装置组成。干法末煤跳汰机的工作原理同湿式跳汰机基本相同，只是这种跳汰机的分选介质是风而不是水。当细粒级混合物料进入分选床，在分选床的振动力、物料自身重力、相互间的摩擦力和分选床底部鼓入的脉动上升气流的共同作用下，逐渐松散分层。密度较大的重物料逐渐沉入床层底部，密度较小的轻物料逐渐浮到床层上部。在适宜的跳汰过程中，逐渐形成稳定的床层，由分选床底部卸料装置将沉积在床层底部的重物料排出，其他物料则随着分选床的振动进入下一工序。经过两次底部卸料后得到的最终产品为矸石1、矸石2、中煤和精煤。

（五）传感选矿

传感选矿是基于传感器的矿石分选技术，主流技术包括X射线透射（XRT）、近红外光谱（NIR）、颜色识别（COLOR）、电磁感性（EM）、光度（PM）、可见光谱（VIS），传感选矿工艺将不同的矿石类型进行分离，最终达到选择性的分选工艺，分选过程中减少能源和水等资源的消耗，降低生产成本。

TDS智能干选机是基于X射线透射（XRT）技术的智能煤矸分选设备，如图8-7所示，由天津美腾科技有限公司自主研发，其分选精度接近浅槽，高于动筛、跳汰及其他干选设备，分选精度超过水洗，处理粒级300～50mm和100～25mm原煤，矸石带煤率为1%～3%，煤中带矸率为3%～5%，处理能力最大能达到145t/h，可大幅度减少地面洗选系统的无效洗选量。

TDS智能干选系统是由给料、识别、执行、供风、除尘、配电和控制等七大辅助部分组成的。选矸前，干选系统先将原煤在皮带上进行排队处理，然后采用大数据计算和智能识别技术，利用X射线源的穿透力原理，对煤与矸石进行数字化识别，把密度不同的物质区分开来，并建立相适应的分析模型，最终通过高压风将矸石排出。

六、低品质煤分选提质

随着高品质煤资源的不断开发利用，以及持续快速增加的能源需求，在不久的将来，低品质煤资源开发利用将势在必行，这部分资源的大规模提质利用对于我国实现以煤为主的能源持续供给，保障经济快速持续发展以及国家能源安全具有重大战略意义。

我国的低品质煤主要以褐煤和长焰煤为代表的低阶煤为主，还包括高硫煤及稀缺炼焦中煤等，低品质煤分选提质主要包括低阶煤分选、高硫煤脱硫分选和炼焦中煤再选。

（一）低阶煤分选

褐煤的洗选具有特殊性，特别是对于高灰高水易泥化褐煤，原生煤泥量大，矸石遇水极易泥化，如果对这部分褐煤进行传统意义上的湿法洗选，往往造成洗水浓度过大、煤泥水处理困难、生产循环水黏度迅速增高等问题，影响分选过程。传统观念认为，易泥化的褐煤不能通过湿法选煤对其加工，如果洗选加工按照高阶煤洗选进行，造成资本投入过高。我国褐煤的基本特性之一是易泥化，矸石和煤在泥化过程中存在着明显的差异，褐煤在水中泥化，矸石泥化后进入煤泥水中，褐煤仍以块状存在，这实际上是一个洗选降灰过程。选煤设计大师邓晓阳对内蒙锡林浩特4号煤的煤质特征进行分析，研究了该褐煤洗选的可能性，该褐煤矸石易泥化，但煤不易泥化，创新性地提出了"重力分选+泥化分选"的洗选降灰新理念新工艺，为高灰高水易泥化褐煤的洗选加工指出了一条新路。

另外，煤泥浮选是降灰提质、资源化利用的最佳途径。浮选是利用物理的表面疏水性差异借助气泡作为载体进行的选别作业。不同煤化阶段的煤具有不同的表面物理化学结构，低阶煤变质程度低，含有较多的含氧官能团且表面孔隙率较高，导致其煤泥表面疏水性差，常规浮选困难。低阶煤煤泥浮选的研究，将为低阶煤煤泥的合理利用探索一条新的道路，对于高炭能源低炭化利用、减少煤炭资源浪费、降低煤炭利用过程中的污染具有重要意义。神东煤炭集团提出煤泥浮选脱灰降硫高质化利用开发研究项目，与中国矿业大学王永田教授共同研究工业级规模下低阶煤煤泥浮选技术及装备的可行性与可靠性。中国矿业大学国家煤加工与洁净化工程技术研究中心成功开发了添加助剂的专有新型捕收剂，可在浮选捕收剂药耗量2.5～3.0kg/t时完成低阶煤煤泥浮选提质。针对布尔台选煤厂煤泥粒度细、细泥灰分高，常规浮选设备分选选择性差的问题，选择旋流-静态微泡浮选柱进行微细粒级煤泥的浮选，实现煤与细泥的完善分选，浮选精煤灰分为7.30%、尾矿灰分为78.55%，精煤可燃体回收率可达89.13%，实现了低阶煤浮选的重点突破。

（二）高硫煤脱硫分选

煤炭中硫的脱除与煤炭中硫的赋存形态密切相关，我国中高硫煤中，硫的形态除少数小型矿区以有机硫为主外，绝大多数矿区以无机硫为主。煤炭中的无机硫主要是以黄铁矿（FeS_2），少部分为白铁矿（两者是同质异形体）和硫酸盐的形式存在，有机硫主要以碳硫键形式存在，包括硫醇（R-SH）、硫醚（R-S-R）、二硫化物（R-S-S-R）和噻吩及其衍生物等。高硫煤脱硫分选方法包括物理法脱硫、化学法脱硫、微波脱硫和微生物法脱硫。

1.物理法脱硫技术

高硫煤物理分选方法主要分为重选、浮选和磁选；重选脱硫主要按照矿物密度的不同进行脱硫分选，常用的高硫煤分选工艺有跳汰-摇床联合脱硫分选、重液-离心脱硫分选、跳汰-重介旋流器脱硫分选等；浮选脱硫主要利用矿物表面润湿性的差异进行脱硫分选，分选工艺有一次浮选脱硫、中煤再选脱硫和精煤再选脱硫等；磁选脱硫利用煤和含硫矿物的磁性差异进行脱硫，我国煤中主要的含硫矿物为黄铁矿，磁性较弱，通过加入羰基铁气体的方法使黄铁矿表面生成一层磁硫铁矿层，提高黄铁矿的磁性；或采用高梯度磁选的方法进行高硫煤的磁选脱硫。

2.化学法脱硫技术

化学法脱硫既可以脱除部分有机硫，还可以脱除煤中细粒分散的黄铁矿硫。化学法脱硫技术主要是利用强碱性、强酸性和强氧化锌化学药剂，通过化学氧化反应、还原反应、抽提方法、热分解等来完成煤中硫的脱除。常用方法有 Mayers 方法、氯化钙氧化法、氢氧化钠熔融法、氢氧化铵法、高锰酸钾方法、过氧化氢氧化法、Kyzymiren法等。虽然化学法脱硫可以脱除煤中大部分无机硫和较多的有机硫，但存在工艺流程复杂、成本高、环境污染大等缺点。

3.微波脱硫技术

微波在煤炭脱硫方面的应用主要是根据不同介质具有吸收不同频率微波能的这一物理性质。在给定微波频率和微波场强的条件下，煤质吸收功率与其复介电常数的虚部 ε'' 成正比。煤是一种非同质的混合物，混合物中复介电常数虚部不同，使煤在微波辐射下能够进行选择性的加热和化学反应。黄铁矿的介电损耗远大于纯煤，这种差异使煤中黄铁矿能够迅速加热，使煤中含硫组分被脱除。

4.煤炭生物脱硫技术

煤炭微生物脱硫技术是在极其温和的条件下，通常是温度低于100℃、常压下进行，利用氧化-还原反应使煤炭中硫转化成水溶性的硫酸根离子，从而使得煤炭中的硫脱除，或者将微生物作为捕收剂，来改变原料表面特性，然后利用浮选法进行脱硫。微生物法脱硫是人工加速自然界硫循环的过程。

微生物脱除煤中硫的机理大致可以分为直接氧化、间接氧化和微生物浮选脱硫三大类。

直接氧化：即细菌的细胞与黄铁矿固体基质之间直接接触而发生的生物化学氧化过程，反应式如下：

$$FeS_2 + 7O_2 + 2H_2O \longrightarrow 2FeSO_4 + 2H_2SO_4 \downarrow \tag{7-1}$$

可溶性硫酸亚铁在酸性条件下，依赖细菌可以快速地氧化成硫酸铁，其速度是空气氧化的500~1000倍。

$$4FeSO_4 + O_2 + 2H_2SO_4 \longrightarrow 2Fe_2(SO_4)_3 + 2H_2O \tag{7-2}$$

间接氧化：用细菌氧化硫酸亚铁的代替产物硫酸铁并对黄铁矿进行化学氧化。

即反应方程式（7-2）中细菌氧化硫酸亚铁生成的硫酸铁，再与黄铁矿反应生成硫酸亚铁和元素硫。

$$FeS_2 + Fe_2(SO_4)_3 \rightarrow 3FeSO_4 + 2S \qquad (7-3)$$

生成的硫酸亚铁又继续被细菌氧化成硫酸铁，生成的元素硫则被细菌转化成硫酸，从而使浸出液的 pH 值不断下降，甚至低于 1.0。

$$2S + 3O_2 + 2H_2O \rightarrow 2H_2SO_4 \qquad (7-4)$$

一般来说，细菌氧化黄铁矿体系中，直接作用与间接作用总是交替或同时进行的，在不同的反应阶段，两者的表现会有强弱的不同。

微生物助浮选脱硫的原理，先将微生物加入煤泥水溶液中，由于微生物只附着在黄铁矿颗粒表面，使黄铁矿表面由疏水性变成亲水性。而与此同时，微生物却难以附着在煤颗粒表面，而使煤粒仍保持疏水性。由于微生物能选择性地吸附在煤和黄铁矿表面，故能利用微生物通过浮选从煤中脱硫。

（三） 炼焦中煤再选

肥煤、焦煤、瘦煤等炼焦煤占全部煤炭资源储量的比例不到 30%，是我国的稀缺煤种，而炼焦中煤是炼焦煤分选加工过程中的副产品，是在经过各种选煤工艺富集和回收了精煤和排出尾煤之后的中间产物，产率一般在 5%～20%，目前炼焦中煤几乎全部作为燃料使用，致使大量优质稀缺炼焦煤资源严重浪费。为大力发展煤炭的洁净利用产业，结合我国煤炭资源的自身情况，从炼焦中煤中选出质量合格的精煤，是解决我国炼焦用煤资源短缺的有效途径。

中煤可以经过解离再选回收大量质量合格的稀缺炼焦煤，能产生很好的社会效益和经济价值。中煤破碎再选常用的方法有中煤破碎+跳汰+浮选工艺、中煤破碎+旋流器+浮选工艺、中煤破碎+螺旋分选机分选工艺、中煤破碎+浮选工艺、中煤破碎+TBS+浮选工艺、中煤超细磨+疏水絮凝浮选工艺和中煤超细磨+微细介质重介旋流器工艺。

对于中煤破碎+浮选工艺，中煤破碎解离程度和浮选效果的协调是难点，脉石矿物嵌布粒度会影响解离的粒度上限，当嵌布粒度较小时，破碎上限也较小，由于现有破碎机存在过粉碎的现象，导致破碎后产物细粒级含量急剧增加；若物料选择性破碎能力差，很可能导致大量高灰细泥的产生。高灰细泥的浮选选择性差，虽然分选过程中可以通过设备和工作参数调节来改善浮选精煤质量，也可以通过改变矿浆离子环境来调节颗粒和气泡间相互作用来减少细泥罩盖和夹带的现象，但是要在低破碎上限的前提下高效回收优质稀缺炼焦精煤难度依旧很大。

七、超纯煤技术

超纯煤技术是目前煤炭深加工新技术之一，也是时代发展对煤炭产品要求越来越高的体现。超纯煤是指尽可能地脱除煤中无机矿物质，使其灰分小于 1% 或

2%。超纯煤作为一种全新的产品，不仅可以制备成精细水煤浆，代替重油、柴油等用于内燃机、航空发动机等动力设备燃烧，还可以制备成碳纤维、高档活性炭、炭黑、超级电容器等各种煤基材料。

近年来，在煤结构研究新观点的支配下，发现煤分子中存在一些特殊功能高分子材料所具有的单元结构。因此，以煤为起始物之一，开发研究煤基高分子功能材料和复合材料已引起国内外科技界的重视，并成为高分子材料科学发展的新领域，包括通过煤分子裁剪技术，以洗精煤为原料，研制开发高分子合成单体；制备功能高分子材料，如耐高温高分子材料，导电功能高分子材料，抗静电高分子材料，太阳能电池电极材料、C_{60}、离子交换树脂、吸附剂等；煤基复合材料，以超细煤粉为原料，通过共混途径研制煤基聚合物合金材料，炭纤维复合材料等。

超纯煤制备技术大致分为物理技术和化学技术2类。化学技术主要是用强酸和强碱与煤中的无机矿物质发生化学反应，使其转变为可溶性的盐，从煤中除去，该法可有效处理所有煤种，但是成本高、污染严重。物理技术几乎包含了目前所有的主要选煤工艺，如重介选、浮选、磁选、摩擦电选等，与化学技术相比，物理方法具有工艺简单、成本低，对煤的破坏性小等特点，且其降灰效果较好，所以物理技术分选超纯煤也是煤炭清洁高效利用的主要方面。

中国矿业大学章新喜等人进行了摩擦电选制备超低灰煤的研究；中国矿业大学（北京）付晓恒等人进行了选择性絮凝方法生产灰分1.00%以下超纯煤并进一步生产代油水煤浆研究；神华宁煤集团太西洗煤厂进行了相关的探索性研究，探索了跳汰选和流膜分选用于煤炭超纯制备的实际效果；中国矿业大学杨建国等人的研究则为重介方法制备超纯煤提供了有益的探索；中国矿业大学刘炯天教授领导的课题组进行了基于旋流静态微泡浮选的浮选法制备超纯煤的研究。

第二节　井下选煤技术

井下选煤是将选煤系统建设在井下硐室和巷道中，在井下完成煤矸分离，矸石作为井下充填式开采的原料，或者直接充填采空区，仅需要将精煤产品升井至地面仓储。近年来固体充填开采技术的迅速发展为井下选煤工艺提供了技术支撑。通过采煤、选煤、充填技术的集成和耦合，实现采选充一体化，既充分处理了矸石废弃物，减小采动影响，又能够提高煤炭资源回收率，实现低碳、循环、绿色发展。目前井下选煤技术主要有井下动筛排矸技术、井下重介浅槽分选技术、井下智能干选技术等。

一、井下动筛排矸技术

井下跳汰排矸工艺与地面选煤厂动筛排矸工艺类似：原煤经50mm分级，筛上300～50mm粒级由块原煤机械动筛跳汰分选，块精煤、末原煤、高频筛筛上物、压滤煤泥运输至井上，块矸石充填。山东新汶矿业集团协庄煤矿和开滦集团唐山煤矿分别于2009年和2013年先后建成了井下机械动筛跳汰机块煤排矸系统。

井下跳汰排矸，以水为介质进行分选，优点是工艺简单，用水量少，生产成本低。缺点是：入料粒度范围不能太大，有效分选深度和精度都不如重介分选；设备体积大，需要巷道和硐室尺寸大，受巷道地质条件限制，支护费用高，跳汰机结构复杂，维护量较大。

二、井下重介浅槽排矸工艺

部分煤矿将成熟的重介浅槽技术依据井下条件对其进行改进并已成功应用。2010年，新汶矿业集团济阳煤矿、翟镇煤矿井下浅槽排矸系统先后建成使用。井下重介浅槽排矸工艺为：原煤经25mm（或50mm）分级，筛上块煤进入浅槽分选，末原煤及脱介脱水后的精煤运至地面再处理或出售，分选后的矸石进行脱介脱水、破碎作业后运至填充面填充。

井下采用重介浅槽排矸的主要优点是：分选精度高，分选粒度范围宽，单台设备通过能力大，产品回收率高，对原煤入选量及粒度组成波动适应性强；有效分选时间短，次生煤泥量低；结构简单，易于操作和维护。但也存在缺点，该工艺需要介质回收系统，工艺复杂，占用巷道总面积大，配套设备多。

三、大直径两产品重介旋流器排矸

随着重介质密度控制系统、生产集控系统、脱介设备、介质回收设备的发展和完善，以及近年来耐磨管、耐磨设备和生产自动化技术的成熟发展，解决了以往重介系统存在的系统维护工作量大的缺点，使重介生产成本大幅降低，系统可靠性大大提高。目前，重介旋流器已在地面选煤厂得到了广泛应用，已成为煤炭洗选加工首选方法，将之用于井下巷道也是现在井下选煤的发展方向之一。

井下采用大直径重介旋流器分选的优点是：可全粒级入选，无须预先分级或脱泥，并且分选粒度范围宽，原煤入选粒度范围可达200～0mm，分选下限低，有效分选下限在1.0mm左右，设备体积小，易于布置和操作，占用巷道较少；煤质波动适应能力强，分选精度高，处理能力大。

四、井下TDS智能干选机排矸

井下TDS智能干选机排矸工艺与地面选煤厂排矸工艺类似，只是将TDS智能干选机布置在井下巷道中，2018年世界首例井下TDS智能干选系统落户王楼煤矿，这套干选设备为全封闭设计，全过程无人值守，是选煤史上第一台分选精度超过水洗的干选设备。

井下TDS智能干选设备无须水、无须介质、无煤泥水处理环节，既能减少井下矸石的地面排放，降低洗选成本，又能有效改善和稳定原煤煤质，同时还减少地面洗选的水洗量，避免了对水资源的污染。

第三节 配煤与型煤技术

一、配煤技术

（一）动力配煤技术

动力配煤就是根据用户对煤质的要求，将若干种不同种类、不同性质的煤按照一定比例掺配加工而成的混合煤。它虽具有各种单煤的某些特征，但综合性能已有所改变，实际是人为加工的一个新"煤种"。通过科学的配煤技术，将优质高热值煤与劣质低热值煤合理配煤，既充分利用了劣质低热值煤资源，又可减少优质高热值煤的用量，提高利用效率，节约资源。

配煤原理：通过对煤进行煤质分析，可得到一系列表征煤的质量和用途的参数，即煤化参数。煤的主要煤化参数有水分、灰分、挥发分、硫分、发热量、灰熔融性等指标。配煤煤化参数的计算是基于挥发分、发热量、灰熔融性等煤质工业分析指标具有可加性的基础上优化设计。优化设计原则是在一定约束条件下追求目标函数的极值。具体分为4个步骤：提出约束条件，确定目标函数，建立数学模型，解出最优配方。动力配煤的优化设计原则是在一定约束条件下追求目标函数的极值。

动力配煤最大的优点是可以充分发挥每种煤的特点，相互取长补短，使配煤质量满足大、中、小不同类型锅炉的需要。配煤还可以提高出口煤的质量。如中国神府、东胜出口日本的动力用煤，尽管它是分选后的低灰、低硫的精煤，但由于煤灰软化温度低、灰成分中氧化钙的含量和水分高，不受国外用户的欢迎。而山西安太堡露天矿出口分选动力煤，煤灰软化温度高，灰成分中氧化钙含量低，但其硫分超过了1%，灰分也比较高，也不受用户的欢迎，将两种煤炭配比出口，其质量就能够满足用户的需求。

动力配煤的环境效益也十分明显。某些硫分在 2.0% 以上的动力煤单独燃烧时，SO_2 排放的浓度较高，不仅严重污染大气，破坏生态平衡，而且还腐蚀锅炉炉体和管线，缩短锅炉整体使用寿命，这种煤与硫分低于 0.5% 的低硫煤相配后，配煤硫分降至 1% 以下甚至 0.8% 以下，燃煤的 SO_2 排放总量及废气中的 SO_2 浓度能达到环保要求。

随着基于大数据、云计算及机器学习等技术的发展，中国大唐集团公司将大数据技术应用于燃煤机组的智能配煤掺烧实践中，建立大数据建模平台，根据燃料配煤掺烧相关指标数据和热力试验等相关数据，运用大数据技术，多煤种分级高效利用技术以及多目标优化的智能采购技术，实现了"互联网+"电力燃料的新突破，对大数据的采集及基于智能进化算法的实时配煤掺烧模型分析，生成最优机组配煤掺烧方案，有效提高对资源的调度效率和准确性，实现了企业综合效益的最大化。

（二）炼焦配煤技术

配煤炼焦就是将两种或两种以上的单种煤，均匀地按适当的比例配合，使各种煤之间取长补短，生产出优质焦炭，并能合理利用煤炭资源，增加炼焦化学产品。

1.炼焦配煤理论

（1）胶质层重叠原理

要求配合煤中各单种煤的胶质体的软化区间和温度间隔能较好地搭接，这样可使配合煤料在炼焦过程中能在较大的温度范围内处于塑性状态，从而改善黏结过程，并保证焦炭的结构均匀性。

（2）互换性配煤原理

焦炭质量取决于炼焦煤中的活性组分、惰性组分含量及炼焦操作条件。单种煤的煤化度决定其活性组分的质量，镜质组平均组最大反射率是反映单种煤的煤化度的最佳指标。

（3）共炭化原理

煤中加入非煤黏结剂进行炭化，称为共炭化。共炭化研究为采用低煤化度弱黏结煤炼焦时选用合适的黏结剂提供了理论依据，也为加入有机渣油、塑料类、橡胶类、沥青等与煤共炭化提供了可能性，并且为解决当前世界的环境污染问题做出了很大的贡献。

（4）煤岩配煤原理

煤的镜质组反射率和显微组成是决定煤性质的内因，而焦化生产中评价煤质的主要指标仅为煤性质的外在表征。

煤的镜质组反射率测定结果中平均最大反射率 R_{max} 是目前国际上公认标志煤的煤化度最佳的一个指标。平均最大反射率 R_{max} 越大，对应煤煤化度越高。

煤的镜质组反射率分布图可以通过反射率在不同区间的频度分布来更全面、直观地表征炼焦煤结焦性质，配合煤中不同单种煤的镜质组反射率分布范围重叠程度越合理，分布图表现越平滑，越趋近于正态分布。煤种间在高温反应时适配性就越好，配煤效果以及焦炭质量越好。

2.炼焦配煤技术

（1）捣固炼焦技术

捣固炼焦技术是我国炼焦行业的重要技术之一，其可以根据焦炭的不同用途，在装煤推焦车的煤箱内使用捣固机将焦炭与高挥发分煤及弱黏结性煤的混合物捣实，并从焦炉机侧将其推入炭化室内，进行高温干馏，实现炼焦。

（2）配型煤炼焦技术

配型煤炼焦技术是一种能够扩大炼焦煤源的炼焦方法，其通过将一部分备煤加入黏结剂压成型，并将型煤与散煤按照一定比例混合装炉炼焦，能够有效改善煤料的黏结性，并提高了炼煤强度，对改善焦炭质量有重要作用。

（3）炼焦配煤专家系统

计算机配煤专家系统是基于计算机和信息技术发展起来的配煤概念，它综合利用了煤炭数据库、焦炭质量预测方法、过程控制原理以及炼焦专家经验，以期实现生产成本最小化、优质炼焦煤用量最小化和弱黏结煤用量最大化的目标，对完善炼焦煤资源规划具有很大的推动作用。

二、型煤技术

型煤技术是以适当的工艺方法，将煤粉加工成具有一定形状、尺寸、特定物理化学性能和不同用途产品的工艺过程，所得产品称为型煤。型煤技术是以煤化工和煤的机械加工工艺学为基础，以燃烧理论、煤的转化技术（煤的焦化、气化、液化）、传热学原理和环保工程等为指导，以各种用煤设备特性和工艺原理为依据，发展成为煤炭加工利用的一个分支。

经过多年发展，型煤功能和用途不断扩宽和完善，型煤种类已超过几十种。按成型过程中的温度，通常将型煤分为冷压法型煤和热压法型煤，如图7-5所示。由于使用目的和成型模具不同，型煤可以有不同的外形，按照外形不同，对型煤进行分类，如球状、卵形、柱状、棒状和蜂窝状型煤等；按应用领域通常将型煤分为工业型煤和民用型煤，如图7-6所示。

粉煤成型过程主要有无黏结剂成型和黏结剂成型两种，有时也根据成型过程的温度分为冷压成型和热压成型。

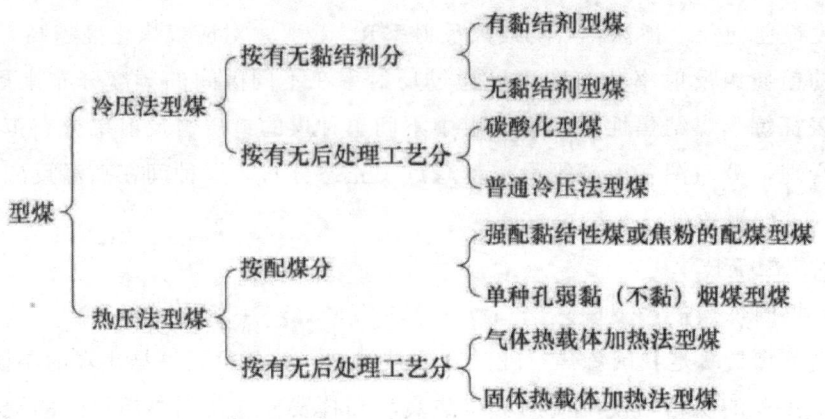

图7-5 型煤按成型工艺的分类图

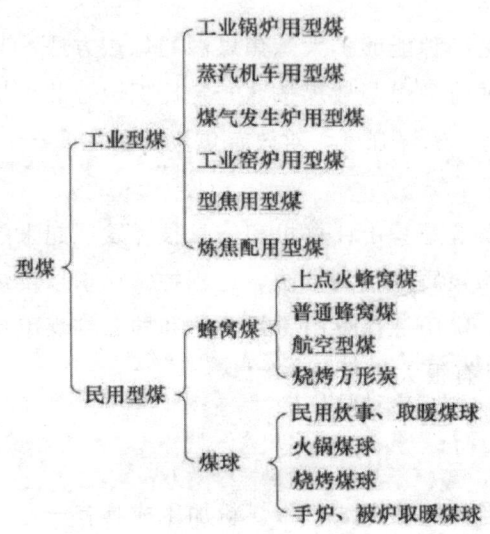

图7-6 型煤按应用领域的分类

（一）煤炭无黏结剂成型机理

煤炭无黏结剂成型机理有很多说法，如沥青质假说、腐殖酸假说、毛细孔假说、胶体假说、分子黏合假说等。

沥青质假说，该假说认为煤中的沥青质是引起煤颗粒间黏结成型的主要物质，其软化点一般为70~80℃，煤在加压成型过程中，由于煤粒间相对位移，随着颗粒间彼此相互挤压、摩擦而产生热量，使得煤中的沥青质软化成为具有黏结性的塑性物质，从而将煤粒黏结在一起，进而在外力作用下变成型煤。

腐殖酸假说，该假说认为年轻煤中含有一些游离的腐殖酸类物质，它们作为一种胶体，具有较强的极性，成型过程中，它们会在外力作用下使煤粒间更加紧密接触，从而促使煤粉成型。

毛细孔假说，该假说认为年轻煤中含有大量的毛细孔，成型时毛细孔会被压溃，其中的水分挤出，覆盖于煤粒表面形成水膜，进而充填煤粒间的空隙，呈现出相互作用的分子间力，以促进煤粒接触，并进一步促使煤粒成型。

胶体假说，该假说认为年轻煤由固相和类液相两部分组成，固相由许多微米级胶质腐殖酸颗粒组成，成型过程中由于胶粒密集而产生聚集力，促使煤粒加工成型煤。

分子黏合假说，该假说认为在压力作用下，煤粒间由于紧密接触而出现分子间黏合现象，配合外力作用促使煤粒成型。

（二）粉煤的黏结剂成型机理

粉煤的黏结剂成型，是指粉煤与外加黏结剂充分混合后，在一定的外力作用下压制成型的过程，该工艺适宜于多种煤的成型。

粉煤有黏结剂成型机理主要是针对烟煤及无烟煤的粉煤成型提出。从热力学观点来看，粉煤成型过程是体系的熵减小的非自发过程，必须有外力对其做功才能促使粉煤成型。从表面化学观点来看，粉煤破碎产生大量新的表面，体系表面能急剧增大，黏结剂分子充分润湿颗粒表面，降低体系表面能，才能使粉煤成型。黏结剂分子通常具有黏结性，通过黏结力作用促使粉煤成型。黏结剂与粉煤颗粒间存在各种吸引力，统称为内聚力，促使粉煤成型。常见的内聚力有固体桥联联结力、静电吸引力、液体桥联时颗粒间产生的联结力和范德华力。

成型机理的研究是构筑型煤研究体系的重要内容，也是对型煤工业应用的指导。但是目前的无黏结剂成型机理和粉煤有黏结剂冷压成型机理均是在对试验现象解释的基础上提出的，还没有一个统一的、可以指导型煤生产的成型机理。事实上，影响粉煤成型的因素比较多，各因素间相互干扰较严重，为研究粉煤成型机理带来困难。而从微观上深入研究型煤硬度、弹性、塑性和表面物理化学性质等原煤自身性质，以及粒度、水分、烘干温度和成型压力等工艺参数与不同黏结剂作用时型煤微观结构形态及变化规律，进而建立型煤微观结构与宏观性质之间的关联，是构筑型煤机理研究新的评价体系方法，使型煤技术真正成为一门可以精准控制、预测研究的技术。同时粉煤成型后使用与原煤相比，可以提高炉窑效率 5%～13%，从而节约煤炭 7%～15%；可以减少粉尘排放量 30%～60%，从而降低大气中粉尘颗粒物浓度；使用固硫添加剂的型煤，可以降低 SO_2 排放 20%～50%；可以使燃煤的其他有害物排放降低。因此，粉煤成型制型煤是一种比较清洁的煤炭利用方式。

第四节　水煤浆技术

煤浆技术就是将煤炭粉碎到足够的细度后和流动介质混合搅拌制成浆体燃料以代替石油等液体燃料的一种新型煤基洁净流体燃料制备技术。水煤浆是由60%～70%的煤与39%～29%的水及少量添加剂经过磨碎和强力搅拌而成的两相流浆体。这种煤基流体燃料既保持了煤炭原有的物理特性，又具有石油一样的流动性和稳定性，可以雾化燃烧，具备了类似重油的液态燃烧应用特点，可在工业锅炉、电站锅炉和工业窑炉上代油或煤、气燃用。水煤浆作为固液两相流态燃料，在特性上既不同于固态的粉煤，也不同于作为纯流体的石油。

中国矿业大学（北京）是国内最早从事水煤浆制浆技术研究开发与工程设计的单位，先后承担了国家"六五""七五""八五"攻关项目，"九五"期间得到"211工程"的资助。设有"教育部煤基浆体燃料工程研究中心""国家水煤浆中心制浆技术研究所"，中国矿业大学（北京）的水煤浆技术的研究与开发还得到联合国与国际科学文化中心（ICSC）的支持，是我国水煤浆制浆技术的权威单位，目前已形成一支高素质的科研队伍。

现在中国矿业大学（北京）已建成一流水平的水煤浆制备技术实验室和水煤浆中试厂，形成了我国自己的制浆理论体系，并且开发出一整套技术成果，使我国的水煤浆制浆技术达到了国际先进水平。先后获得"国家科技进步二、三等奖""能源部科技进步一等奖""山东省科技进步一等奖""教育部科技进步一、二等奖"。

一、难制浆煤种的水煤浆制备工艺

我国目前制浆用煤大多采用的是炼焦煤或炼焦配煤，浪费资源，我国低阶煤资源丰富，但其作为动力煤难以制备出高质量的水煤浆，如大同煤、神华煤（通常指侏罗纪煤），为众所周知的难制浆煤种。它的特点是内在水分高、含氧量高、孔隙发达、比表面积大、富含极性官能团、可磨性差。这些特性使它的成浆性难度判别指标D值往往超过10，属极难制浆煤种。

针对这些难制浆煤种开发了一套制浆工艺，以减少煤中的孔隙、比表面积和内在水分，改善煤炭的成浆性，同时通过改进和优化磨机的配球与运行参数，进一步提高产品的堆积效率；采用优化级配工艺，合理选择优化磨矿工艺流程与运行参数，配合添加剂的改进，利用低阶煤制备高浓度水煤浆。

二、水煤浆制备在线检测仪器的 究

随着单系统生产能力的扩大，必须相应提高制浆生产系统运行的可靠性，以保证水煤浆产品产量和质量的稳定。因此加强制浆生产过程的检测与控制具有十分重要的意义。控制的关键是原料煤的水分、水煤浆的黏度、浓度和粒度，但是目前国内外均无水煤浆的在线检测仪器。开发水煤浆质量的在线检测仪器，可实现对水煤浆质量的实时跟踪监测，实现水煤浆生产过程的闭环自动控制。

三、多种原料的配合制浆工艺

利用选煤厂细粒煤（如浮选精煤或煤泥）制浆有利于提高制浆效率，减少制浆能耗和降低制浆成本。但由于用细粒煤制浆在磨矿工艺和运行参数上与水洗精煤制浆有一定的差别，一般是分别进行磨矿制浆，制浆工艺较为复杂。因此开发多原料配合制浆工艺利用选煤厂细粒煤与水洗精煤搭配制浆可以简化工艺，并具有较好效益。关键技术：1.需要对细粒煤与水洗精煤合理搭配进行优化和控制；2.调整和优化磨机工况参数。

四、超纯煤和精细水煤浆的制备与燃用

利用矿物加工手段，将煤炭的灰分降到1%～2%，制备出超纯煤，利用超纯煤制备粒度小于$10\mu m$，灰分小于1%的精细水煤浆，是水煤浆技术的一个新的发展方向，其应用领域主要是城市小于1t/h（蒸吨）的小型燃油锅炉、燃油中央空调、大型柴油机等。中国矿业大学（北京）已经建成一条50kg/h的精细水煤浆制备试验系统，并在9kW农用柴油机上燃用精细水煤浆试验成功，目前正在与有关柴油机厂家合作开发燃用精细煤浆的专用内燃机，同时小型燃油锅炉燃用精细煤浆的试验正在进行，燃用精细煤浆的中央空调也在试验中。

五、脱硫型水煤浆的开发

实践证明，水煤浆燃烧与直接燃煤相比具有一定的脱硫作用，其原理是水煤浆的燃烧温度比燃煤低，同时水煤浆中含有30%左右的水，水蒸气具有增湿活化的作用，煤灰中本身具有一定的脱硫物质，因此燃烧水煤浆具有一定的固硫和烟气脱硫作用，其二氧化硫排放比燃煤要低，据此在制浆过程中补充足够的脱硫物质，以强化其脱硫作用。

六、水煤浆技术处理工业废水

造纸黑液是造纸厂的主要污染物，约占造纸厂废液总量的80%。碱性造纸黑

液的治理传统方法多采用碱回收法。碱回收技术处理木浆黑液技术上是成熟的，经济上是可行的，但草浆黑液的碱回收法处理仅当达到一定的处理规模时，经济上才能持平或有一定效益，因此碱回收废处理造纸黑液对我国目前大量中小草浆造纸厂并不适用。

由于黑液中碱木素、羟基低分子有机酸、抽提物中的树脂酸和脂肪酸的钠盐具有表面活性功能，可用作水煤浆添加剂和固硫剂，因此，利用黑液中的有效成分代替水和添加剂制备可供锅炉稳定燃烧的黑液水煤浆燃料，通过锅炉燃烧方式达到有效处理黑液的目的。它不仅利用了黑液中的水和有效成分，还充分利用了黑液固形物的热量，初步研究表明黑液煤浆具有良好的燃烧优势。黑液水煤浆制备与燃烧技术是整个技术的关键。

第八章 煤系共伴生资源综合利用

我国煤系中共生伴生矿资源丰富，种类繁多，品质优良，分布广泛。含煤岩系中除主要矿产煤以外，还有高岭土（岩）、耐火黏土、铝土矿、膨润土、硅藻土、石墨、硫铁矿、油页岩、石膏、沉积石英岩、赤铁矿、菱铁矿、褐铁矿等多种矿产。很多煤共伴生矿种是国家的优势矿产，开发利用好这些资源对国家经济发展具有重要意义。

第一节 煤系高岭土

一、煤系高岭土综述

中国是世界煤炭资源大国，各时代煤系中蕴藏有大量可供开采、综合利用的共伴生矿物资源存在，其中最常见、分布最广的就是煤系高岭土，高岭石资源探明储量为31亿吨，其中煤系高岭土16.7亿吨。在众多煤系地层中，又以晚古生代石炭—二叠纪煤系地层中的高岭土分布最广、厚度最大、层位多、质量好、储量可观，开发应用价值巨大；中、新生代煤系地层中的高岭土次之。晚古生代石炭二叠纪煤系地层煤系高岭土主要分布在华北地区范围内各聚煤盆地的煤系地层中，主要赋存于华北地区的阴山-燕山-长白山一线以南，秦岭-伏牛山-张八岭一线以北，贺兰山-六盘山一线以东，渤海-郯庐断裂带以西的广大地区，包括北京、天津、河北、山东、山西、河南的全部和内蒙古、陕西、宁夏和甘肃的部分地区。煤系高岭土是中国独具特色非金属矿产资源，现已探明的主要煤系高岭土矿区有内蒙古准格尔煤田，高岭土储量为57亿吨；平朔矿区煤系高岭土储量也超过13亿吨。这些矿床中的煤系高岭土中高岭石含量高达90%~100%，而有害元素铁、钛含量极低。另外，在华北地区煤炭生产和加工过程中排弃的煤矸石中，高岭石的含量也超过80%。我国因煤炭开采而排弃的煤矸石累计有50多亿吨，占地2.3万公顷，已经成为我国排放量最大的工业固体废弃物，其中约50%为极具开发利用价值的煤系高岭土。

华北地区的晚古生代煤系高岭土主要分布于晚石炭世的本溪组和太原组、二叠纪山西组、下石盒子组和上石盒子组，既有坚硬致密的高岭岩，也有疏松的软质和半软质的高岭土。根据与煤层的关系，可以划分为以下3种主要类型。

（一）煤层夹矸及顶底板型高岭岩

一般赋存于煤层的夹矸和顶底板，多为硬质高岭岩，局部也可以见到软质高岭土。夹矸高岭岩厚度较薄，一般几厘米至几十厘米，个别达到1m以上，横向分布较为稳定，可以作为等时对比标志层。顶底板煤系高岭岩厚度较大，一般几十厘米至几米，但是横向厚度变化较大。该类型的高岭岩颜色较深，呈黑灰色-黑色，致密块状，贝壳状断口或砂状断口。

（二）与煤层不相邻的高岭岩

此种高岭岩一般成为独立的矿层，与煤层有一定的距离。厚度较大，可以达到1m至几米以上。例如，山东层高岭岩和淮南层高岭岩、华北与层土矿共生的高岭岩或高岭土等。此种高岭岩卜的高岭石多为隐晶质，常发育为豆状或鲕状结构，颜色呈灰色-浅灰色，具有贝壳状断口。

（三）木节土型软质高岭土

在地表露头或地下浅处与风化煤伴生，为富含有机质的高可塑性软质黏土，颜色呈紫色、棕色、白色等，厚度从几厘米到几米不等。主要分布于我国唐山、准格尔、平朔、老石旦等地。

二、煤系高岭土的用途

（一）煅烧煤系高岭土

锻烧高岭土就是将水洗高岭土或经除杂、微细粉碎后的硬质高岭岩，在一定温度条件下进行焙烧后所得的产品。由于锻烧高岭土具有优越的光散射能力和油墨吸收性能，用它做造纸涂料，可以替代价格昂贵的钛白粉，改善纸张的光泽度、平滑度、不透明度和原纸覆盖性。作为塑料、橡胶的填料时，比普通高岭石填料对塑料、橡胶的收缩性、阻燃性、吸湿性和强度等性能指标改善作用更大。在石油化工工业，它作为催化剂载体的原材料，具有特殊离子交换及吸附性。由于煅烧土具有许多优良的特性，使工业制品的质量得到了改进和提高，同时又降低了生产成本，提高了企业经济效益。

（二）高岭土/橡胶基复合材料

炭黑作为目前最常用的橡胶补强填充剂，价格非常昂贵，使得橡胶制品生产成本居高不下。为了降低原料成本，将无机材料进行表面改性，作为替代炭黑橡胶的补强填充料，已经成为当今世界上聚合材料研究的热点。煤系高岭土是由硅酸盐矿物和具有类似于炭黑的有机碳质物组成的复合体。以煤系高岭土为主要原料，通过拣选、除杂、水浸泡等初加工后，采用相对富集、超细粉碎后制备出超细高岭土粉体，再经表面改性处理后得到橡胶填充剂。将它代替通用的炭黑材料作为橡胶的补充填充剂，并进行了填充橡胶的应用性能研究。研究结果表明，粒度小于38μm（400目）的煤系高岭土添加剂用于天然橡胶后，对橡胶已有较好的补强作用，且主要性能指标类似于通用炭黑，可以部分等量替换炭黑。为了研究表面改性对煤系高岭土的影响，将填充改性后的和改性前的煤系高岭土进行了对比，发现胶料硫化时，活化作用改性后比改性前强很多，硫化性能指标与炭黑填充的天然橡胶基本相同。因此，在橡胶生产中，可以用替代炭黑，其替代量在25%～30%之间。

（三）煤系高岭土塑料复合材料

弹性体增韧一直被视为改善性能的最有效的途径，但是弹性体改性又会降低基体材料刚性和强度。在实际生产过程中，为了获得良好的增韧效果，生产企业经常通过加入大量的弹性体来实现此目的，而造成的后果是基体的刚性和强度性能指标难以得到保证。如果仅采用纳米无机粒子增韧，基体的强度和韧性能得到保证，但是增韧的幅度却非常有限。为了使弹性体的增韧和无机纳米粒子的增韧增强能够同时实现，生产聚丙烯弹性体无机纳米粒子的多相复合体系正逐渐成为塑料复合材料研究的新热点和趋势。

（四）煤系高岭土环保材料

高岭土具有一定的比表面积和吸附性能，经改性处理后，内部孔道有所改善，可呈现出选择吸附性能，在废水处理、重金属吸附、燃煤处理、光催化等环境保护治理方面均有良好的应用前景。煤系高岭土改性后可以制备改性高岭土重金属吸附材料、磁化高岭土重金属吸附材料、改性高岭土磷吸附材料、改性高岭土印染废水处理材料、活化煤系高岭土生活污水处理材料、高岭土高温吸附剂、高岭土空气污染吸附材料、高岭土放射性元素吸附材料、高岭土光催化剂载体等。

（五）煤系高岭土高值化利用

使用煤系高岭土制备铝盐、沸石分子筛、耐火材料等。如三聚磷酸钠由于容易造成水体富营养化而逐渐被限制使用，沸石分子筛由于具有较大的Ca^{2+}交换量，是其理想的替代品。传统的沸石分子筛用直接化学原料合成，成本居高不下；利用煤系高岭土合成分子筛，既可以降低生产成本，又能减少对环境的污染。莫来石为硅酸盐矿物，具有耐火度高、荷重软化度高、体积稳定性好、电绝缘性强等优异性能，现已被广泛应用于冶金、玻璃、陶瓷、化学、电力、国防、燃气和水泥等工业。煤系高岭土经过煅烧粉碎分级以后，可以生产各种粒级的莫来石产品，用于耐火材料和精密铸造行业。

（六）高岭土制备氧化铝

从高岭土中提取化合物的方法可以大致分为酸法和碱法两类。酸法需要先将高岭土中的氧化铝转化为铝盐，进行分离提取如氯化铝、硫酸、铵明矾等中间产物，然后再将铝盐煅烧后制得需要的氧化铝产品。碱法即用碱性物质来提取高岭土中的氧化铝，常见的提取方法有石灰石烧结法和硫化物法。硫化物是用 NaS 选择性地溶解 Al_2O_3，并能够抑制 SiO_2 的溶解，但该法在进行碳酸化时会放出对人体有害的气体，对环境污染较严重。石灰石烧结法类似于铝矾土烧结法制 Al_2O_3，但煤系高岭岩含 SiO_2 高，直接进行烧结，需要消耗大量石灰石并增加燃料消耗，生产过程中还会产生大量的赤泥渣，容易引起二次污染。

第二节　煤系耐火黏土

一、煤系耐火黏土综述

我国的耐火黏土基本上产于煤系中，为沉积型矿床。煤系中的耐火黏土在时间和空间上与高岭土的分布规律基本一致，石炭-二叠纪煤系耐火黏土矿床占 84%，泥盆纪、石炭纪、二叠纪、三叠纪、侏罗纪、古近纪、新近纪等煤系约占 16%。

我国北方的煤系耐火黏土主要分布在晚古生代，是国内最主要的耐火黏土矿床，其矿体厚、矿层延伸稳定，往往呈层状、似层状产出，少数为透镜体。中生代含煤地层中煤系耐火黏土主要分布于东北、内蒙古、鄂尔多斯、新疆等地，多为湖泊沼泽相沉积，成层性多数较好，与古生代矿床相比，其水铝石含量较低，且多为半硬质及软质黏土矿，成矿规模也较小。古近纪含煤盆地以舒兰矿区为代表，在古近纪含煤地层的中上部赋存大型软质耐火黏土矿，为湖相沉积。

我国南方的煤系耐火黏土矿床分布不如北方广泛且集中，一般规模较小，多以中、小型矿床为主，矿层厚度变化大，岩相不够稳定，矿体多数呈透镜状、扁豆状及似层状。从石炭纪至古近纪含煤地层均有分布，比较重要的有：湖北二叠纪梁山组的硬质黏土矿床；湖南石炭纪测水组、二叠纪梁山组、龙潭组中的硬质-软质耐火黏土矿床；四川省二叠纪及侏罗纪煤系中的硬质黏土及贵州石炭纪煤系中的硬质黏土等。此外，在广东北部石炭纪煤系、广西中部及西部二叠纪和古近纪煤系、江西三叠纪煤系、福建二叠纪及中生代含煤地层、云南石炭纪、二叠纪及三叠纪含煤地层中都有耐火黏土矿床分布。

二、煤系耐火黏土的用途

耐火黏土主要用于冶金工业，作为生产定型耐火材料和不定性耐火材料的原料，用量约占全部耐火材料的70%；耐火黏土在建筑工业上用以制作水泥窑和玻璃熔窑用的高铝砖、磷酸盐高铝耐火砖、高铝质熔铸砖，高铝粘土经过煅烧，然后与石灰石混合制成含铝水泥，这种水泥具有速凝能力及防蚀性和耐热力强的特点；耐火粘土在研磨工业、化工工业和陶瓷工业等方面也有重要的用途。高铝粘土经过在电弧炉中熔融，制造研磨材料，其中电熔刚玉磨料是应用最广泛的一种磨料，占全部磨料产品的2/3。高铝粘土可以用来生产各种铝化合物，如硫酸铝、氢氧化铝、氯化铝、硫酸钾铝等化工产品；在陶瓷工业中，硬质粘土和半硬质粘土可以作为制造日用陶瓷、建筑瓷和工业瓷的原材料；此外，高铝粘土还用于油井中，作为净化石油用的支撑剂，在农业上作为促肥剂，以及用作抗滑、抗磨的铺路材料，等等。硬质粘土还用于制新型耐火绝热材料——耐火纤维，它具有耐高温、导热系数小、耐酸碱、吸音和质轻等优点，在冶金、机械、电子、玻璃、陶瓷等工业上应用广泛。

第三节　煤系铝土矿

一、煤系铝土矿综述

煤系铝土矿根据开发利用途径可进一步分为两大类：1.作为矿物原生状态的铝土矿；2.煤炭燃烧后的富Al_2O_3粉煤灰，原生状态为高铝煤。

煤系原生铝土矿一般分布于含煤地层的中下部，属于沉积型铝土矿，常常与煤炭、耐火黏土、硫铁矿等共生。广西、河南、山西和贵州四省区的储量合计占全国总储量的90%左右。山西省的煤系原生铝土矿赋存于石炭系本溪组的中下部；河南省的煤系原生铝土矿属于华北陆块石炭纪沉积型铝（黏）土矿，为石炭纪本溪组的一套铁铝碎屑岩，集中分布在黄河以南、京广线以西的豫西10多个县境内。贵州的煤系原生铝土矿赋存于梁山组底部古岩溶风化面上的沉积岩层中，分布在"黔中隆起"南北两侧的十几个县境内。

高铝煤是我国重要的铝土矿后备资源，富铝煤燃烧后形成富含Al_2O_3的粉煤灰也是煤系铝土矿的一个重要来源。高铝煤主要集中在阴山山脉以南、太行山山脉以西的华北石炭-二叠纪含煤区，包含鄂尔多斯盆地、山西省、河北省等地区。内蒙古中西部、山西省北部的发电厂粉煤灰中发现的Al_2O_3含量高达50%左右，相当于我国中级品位铝土矿中氧化铝的含量；2012年准格尔专题研究，仅准格尔煤田东部地区，概略估算煤灰中的Al_2O_3资源即可达到31.5亿吨，2014年在内蒙古准格尔煤田样品测试分析发现煤灰中Al_2O_3含量一般在40%～50%，最大值接近70%。

二、煤系铝土矿的用途

铝土矿是炼铝的主要矿石来源，世界上95%的氧化铝是由铝土矿生产出来的，其用量占世界铝土矿产量的90%以上；其次用于做耐火材料、研磨材料（如制造人造刚玉、砂轮、砂纸、磨等）、化学制品及高铝水泥的原料等。另外，铝土矿还可以制造合成莫来石、高铝耐火砖、浇铸耐火砖、整体砖等耐火材料；作为原料制造硫酸铝、氯化铝及铝酸盐等；特级铝土矿还可用于糖汁、润滑油的脱色、净化及药品制造等。

第四节　煤矸石

一、煤矸石综述

煤矸石是在成煤过程中与煤共同沉积的有机化合物和无机矿物质混合在一起的岩石，以炭质灰岩为主要成分，是在煤矿建设和煤炭采掘，洗选加工过程中产生的固体排弃物。

按来源及最终状态，煤矸石可分为掘进矸石、选煤矸石和自燃矸石三大类。根据每年的煤炭产量和洗精煤产量不同，中国煤矸石年排放量大约在8亿吨左右。截至2019年，全国煤矸石累计堆存量60亿吨，占地20多万亩，全国煤矸石山有1900多座，煤矸石不仅占用大量土地，影响自然景观，而且会造成大气、土壤、水体污染，是亟须治疗的重大污染源。煤矸石的环境影响主要表现在以下几个方面。

（一）侵占耕地

中国目前排放的煤矸石，累计占地已达1.3万公顷，而且还以每年600公顷左右的速度增长。这对于人均耕地不到0.079公顷的中国来说，所产生的影响是显而易见的。

（二）矸石山自燃

中国大约有三分之一的矸石山发生过自燃。全国目前尚有近130余座的矸石山由于其硫铁矿物和碳物质的存在而发生自燃。自燃的矸石山，每1cm2燃烧面积每天将向大气排放出10.8kg的CO、26.5kg的SO_2、2kg的H_2S和2kg的NO_x。大量有害有毒气体的释放，给整个大气环境造成负面影响。由于降雨等作用污染水环境和土壤环境，从多方面造成了对人体健康、工农业生产的影响和破坏。

（三）风蚀扬尘

由于风化作用，矸石表面会风化成粉尘。由于风的作用，这些粉尘便可进入大气环境，对大气环境造成污染。

（四）淋溶水污染

煤矸石受降雨喷淋或长期处于浸渍状态，会发生一些化学反应，见下式，反应产生的酸性物质以及矸石中其他有害成分如汞、酚、悬浮物、油质等，经过降水的冲刷和携带而进入水体、土壤，对水环境和土壤环境造成污染。

$$FeS_2 + 3\frac{3}{4}O_2 + 3\frac{1}{2}H_2O \rightarrow 2H_2SO_4 + Fe(OH)_3\downarrow$$

（五）放射性污染

煤矸石一般不属于放射性废物，我国个别矿点的煤矸石中，含有一定比例的放射性元素，如镭-226，钍-232和钾-40等。

二、煤矸石的用途

煤矸石作为伴生煤炭开采的必然排放物，自古被人们看成"工业垃圾"。随着环境标准的日益严格，国内外不仅对矸石的治理越来越重视，还将矸石作为某种资源进行综合利用。综合利用煤矸石不仅可以消除污染，还可以为企业带来良好的经济、环境效益，变害为利、变废为宝，最大限度地发掘其经济价值。煤矸石的用途及综合利用技术如图8-1所示。

（一）煤矸石的热值利用（能量转化）

根据矸石热值不同、煤中含碳量不同、矸石中矿物质含量不同，煤矸石可以有不同的用途。低位发热量在6.27～12.54MJ/kg（1500～3000kcal/kg）、碳含量大于20%的煤矸石适宜于作为低热值锅炉燃料，采用循环流化床燃烧用于煤矸石发电。经过30多年的发展，全国煤矸石等低热值煤发电装机已达到约3000万千瓦，加上在建机组总装机规模约达3500万千瓦。矸石等低热值煤发电装机规模不断增长，为国家节能减排做出巨大贡献。虽然煤矸石发电装机在全国煤电总装机中占比不到4%，但对煤矸石的消耗量占比约为30%，年可燃用煤矸石、煤泥、中煤等低热值燃料1.35亿吨，相当于节约4000万吨标准煤。

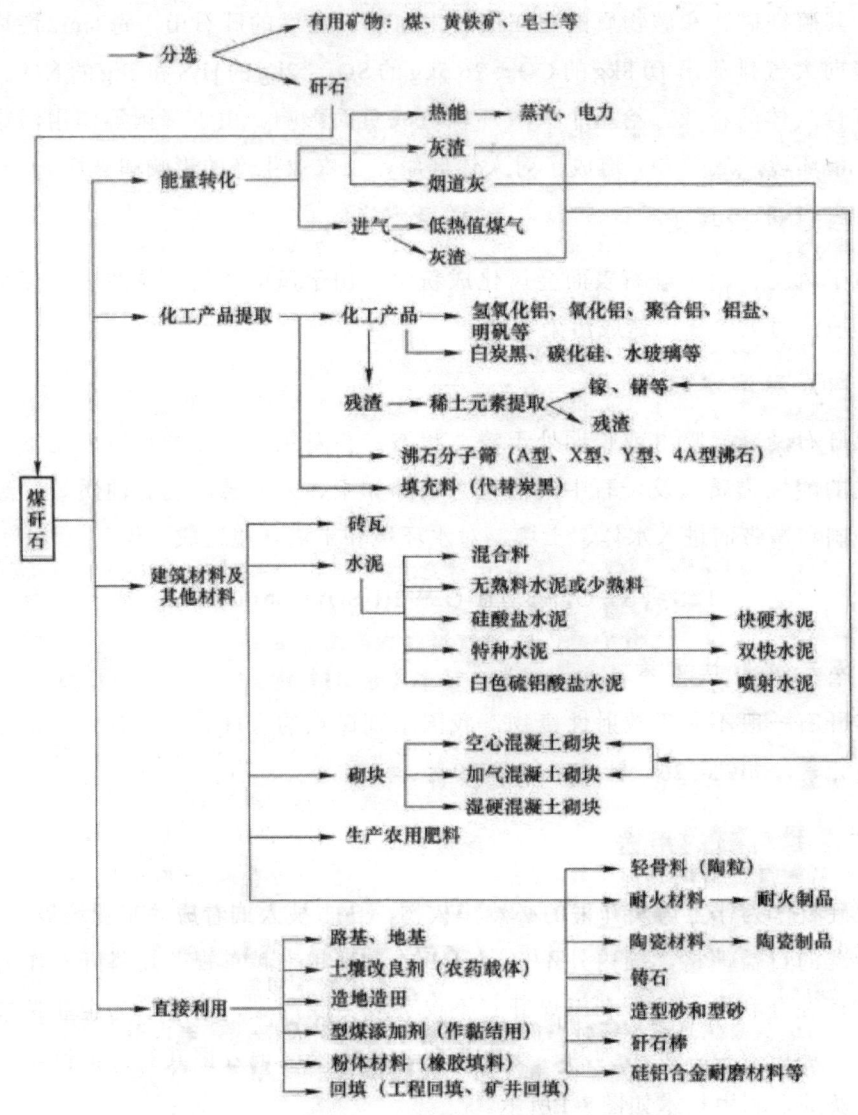

图8-1 煤矸石的用途及综合利用技术

（二）煤矸石的再选和有价组分提取利用

煤矸石的矿物组成主要包括高岭土、长石、伊利石、方解石、水铝石、黄铁矿、蒙脱石、云母、绿泥石类以及少量的稀有金属矿物，其中高岭石含量高达60%以上。通过对其进行再选可进一步回收煤矸石固废中残留的有用矿物，是提高资源利用率、大量处理堆存尾矿的重要措施，如：通过浮选、重选等方法，得到铁矿石等有用矿物。通过物理、化学方法来提取或利用尾矿中的有用组分，如：

使用盐酸浸取法得到结晶氯化铝、氯化铁，可用于生产氧化铝、氧化铁，而浸取后的残渣的主要成分为二氧化硅，可作生产橡胶的填充料以及生产水玻璃的原料。

（三）煤矸石的建筑材料化利用

煤矸石由于硅、铝组分含量较高，可用于制备建材和装饰材料以及铝硅酸盐聚合凝胶材料等的基础原料，这也是煤矸石综合利用中最广泛的途径之一。在建材应用中，煤矸石可代替黏土作为原料，用于制备烧结砖；煤矸石还可以部分或全部替代黏土成分用于生产普通水泥，自燃或人工燃烧过的煤矸石具有一定活性，可作为水泥的活性混合材料生产普通硅酸盐水泥（掺量小于20%）、火山灰质水泥（掺量20%～50%）和少熟料水泥（掺量大于50%），还可直接与石灰、石膏以适当的配比磨成无熟料水泥，可作为胶结料与沸腾炉渣做骨料或以石子、沸腾炉渣作粗细骨料制成混凝土砌块或混凝土空心砌块等建筑材料；煤矸石还可用于制备烧结轻质骨料，用于建造高层楼房；也可用于制备陶瓷或用于铺路等领域。

（四）煤矸石井下充填和土地复垦

利用煤矸石生产的建材产品的附加值比较低，并不适合用于远距离运输，因此，大部分煤矸石都是就近消耗处理。其中，矿山采空区充填能使煤矸石不出矿井的情况就被使用，直接填充采空区，从而从源头杜绝煤矸石的排放，减少地表的下沉，降低发生地质灾害的风险，这是直接利用煤矸石最行之有效的一种途径，具有较高的技术优势、经济优势和环境优势。

矿山的复垦工作是指在煤矸石库上复垦或利用煤矸石在适宜地点覆土造田和种植农作物等，不仅能避免尾矿流失，污染江河，还能增加农业耕种面积，也可种草造林美化环境。

（五）用煤矸石制造肥料

有的煤矸石有机质含量在15%～25%，甚至25%以上，并含有植物生长所必需的B、Cu，Mo，Mn等微量元素和较大的吸收容量，这种煤矸石适宜于生产肥料。利用煤矸石生产农用肥料，中国煤矸石肥料（煤矸石复合肥料和煤矸石微生物肥料）的研制试验和推广应用工作取得较大进展。煤科总院西安分院开发的全养分矸石肥料，是以煤矸石为主要原料，经粉碎后加入改性物质，经陈化后掺入适量氮、磷、钾和微量元素制成的一种有机-无机复合肥料。田间试验表明，西瓜、苹果等经济作物施用这种专用矸石肥料后，一般可增产15%～20%。辽宁南票矿务局与中国农科院合作开发生产的"金丰"牌微生物肥料，山东龙口和河南郑州等煤矿企业与北京田力宝科研所开发生产的"田力宝"微生物肥料，都取得了较好的经济效益和社会环境效益。

（六）煤矸石的高值材料化利用

利用煤矸石固废生产高值工业新材料也是提高煤矸石附加值的一种有效途径，主要包括利用煤矸石制备白炭黑、分子筛、陶瓷、耐火材料等；利用煤矸石碳热还原方法制备 Al_2O_3-SiC 复相材料，将煤矸石与焦炭或炭黑等碳质材料进行混合并在高温下进行碳热还原反应即可原位合成得到 Al_2O_3-SiC 复相材料，类似的碳热还原方法还可以推广到其他低品位矿物的综合利用上，是一种大宗低品位矿石提高产品附加值的有效实现方法。

第五节　煤系其他矿产资源

一、煤系气

目前，煤层气和煤系致密砂岩气勘查开发已经成熟，煤系页岩气、煤系天然气水合物尚处在试验阶段。

煤层气资源主要分布于古生界石炭纪、二叠纪和中生界三叠纪、侏罗纪和白垩纪含煤地层中的煤层气资源量较为丰富，以中生界资源量最为丰富。煤层气资源量大于10000亿立方米的大型盆地共有9个，依次为鄂尔多斯、沁水、准噶尔、滇东黔西、二连、吐哈、塔里木、天山和海拉尔盆地。从煤的煤化度来看，低、中、高煤阶中的煤层气资源各占30%左右。高煤阶煤层气资源主要分布在华北中部山西省沁水盆地、滇东黔西和河南焦作等一带，其他地方也分散有少量因岩浆热变质作用而形成的高煤阶煤层气；中煤阶煤层气分布较为分散；低煤阶煤层气几乎都分布在中国西北和东北部地区，鄂尔多斯东北缘和云南新生代盆地也有少量分布。

煤系致密砂岩气盆地主要发育三套煤含煤地层，即石炭-二叠纪煤系（鄂尔多斯盆地、华北）、三叠纪须家河组煤系（四川盆地）和侏罗纪煤系（准噶尔、吐哈和塔里木盆地）。三者合计技术可采资源量（$6.4 \sim 8.7$）$\times 10^{12} m^3$，约占全国陆上致密气资源总量的78%。煤系炭质页岩在华北、华南地区和塔里木盆地广泛分布。四川盆地的上三叠纪须家河组和二叠纪、南方地区的上二叠纪龙潭组、渤海湾和鄂尔多斯盆地的石炭-二叠纪、西北地区的侏罗纪等海陆过渡相与陆相煤系页岩面积大、有机碳含量高、有机质类型以Ⅲ型干酪根为主，热演化程度适中，Ro 为 0.6%～2.5%，处于生气阶段，部分处于生气高峰期。因此，煤系页岩气会成为中国页岩气勘探开发的重要领域。

二、煤系油页岩

我国油页岩形成地质年代范围较宽，从石炭纪、二叠纪、三叠纪、侏罗纪、白垩纪到古近纪都有产出。主要分布在松辽、鄂尔多斯、准噶尔等3个大型含煤盆地，涉及22个省（自治区）48个含煤盆地。吉林、辽宁和广东等3省的油页岩资源量占全国的85%以上。煤与油页岩在盆地同时代地层中产出的地质现象从古生代到始新世均有发现，例如，依兰盆地内下段为煤与油页岩互层，上段则发育比较稳定的油页岩层。

三、煤系铁矿

北方煤系铁矿主要为山西式铁矿，又称为山西式"鸡窝状"铁矿，主要分布于河南、山西等地。河南煤系主要分布于豫西及豫西北地区；山西煤系铁矿遍及全省，尤以晋中、晋东南最为发育。南方煤系铁矿主要为綦江式铁矿，主要分布在四川綦江一带及贵州北部。

四、煤系硫铁矿

我国煤系硫铁矿主要赋存于北方的太原组和南方的龙潭组（乐平组）以及南方的下二叠纪、下石炭纪等地层的煤层中，以山东、贵州、四川和陕西四省资源量最多。

南方上二叠纪煤系底部普遍发育硫铁矿，常见厚度1～2.5m，含硫量一般为16%～20%，高者达30%～40%；北方石炭-二叠纪煤田，在石炭纪和奥陶纪地层不整合面上也大范围发育有一层硫铁矿，矿层厚度一般为0.9～2m，含硫量为18%～21%，高者达40%左右。

煤系硫铁矿按地质时代分，以南方晚二叠纪资源量最多，其次为北方晚石炭纪，二者为我国煤系硫铁矿最重要的成矿期，其资源总量占各时代总量的99%。据以往统计资料分析，我国煤系共伴生硫铁矿资源，以伴生资源为主，共生硫铁矿次之，两者的比例大致为5：1。

五、煤系铀矿

我国的煤系铀矿有砂岩型铀矿和煤岩型铀矿两大类。煤系中的铀矿与世界两大巨型铀成矿带密切相关。东西向欧亚巨型成矿带横贯我国整个北方地区，自西往东分布有伊宁盆地、吐哈盆地、柴达木盆地、鄂尔多斯盆地、二连盆地、开鲁盆地、辽东盆地等铀矿点。南北向滨太平洋巨型成矿带自北往南分布有内蒙古二连盆地，陕西神府-东胜矿区、铜川，四川大巴山、南桐矿区，贵州织金、晴隆矿区，云南砚山等地的铀矿点。煤岩型铀矿的勘查也取得较大成果，云南帮卖盆地煤中铀含量为71.5μg/g，已查明属锗-铀-煤共生矿床类型；新疆伊犁盆地南缘ZK0161井中12号煤靠近顶板的部位的富铀煤煤中铀含量为767μg/g。

六、煤中锂

煤中锂的富集状态既有无机结合态，也存在有机结合态。在内蒙古准格尔煤田的官板乌素、黑岱沟和哈尔乌素3个煤矿煤中的锂进行研究，发现6号煤中锂的加权平均含量在3个煤矿分别达到264μg/g、136μg/g和126μg/g，6号煤层（包括夹矸）及顶底板中部分样品中Li_2O含量最高可达0.549%，仅官板乌素煤矿锂的潜在资源量可达1.321万吨，折合Li_2O资源量约2.829万吨。目前中央地勘基金在准格尔开展的地质勘查项目中，煤中或煤层夹矸、顶底板岩层中Li含量超过100μg/g。"山西平朔地区煤中锂镓资源调查评价"项目对山西平朔地区安太堡煤矿区的石炭-二叠系山西组、太原组4、9、11号煤层进行了较为系统的采样，发现煤中锂的平均含量分别为120.93μg/g、152.1μg/g、364.35μg/g。依据测试数据估算，4、9和11号煤中锂资源量为90万吨。

七、煤中镓

煤中镓高异常在全国各含煤地层中的分布较为普遍，在鄂尔多斯盆地周边、山西、河北、河南、山东等地，以及四川盆地周边、乌蒙山地区石炭-二叠纪煤中镓异常表现较为突出，是煤中伴生稀有金属元素分布最为广泛的一种。煤中镓富集成矿床规模的主要分布在鄂尔多斯盆地东侧准格尔煤田、陕西渭北煤田、山西省北部地区的各大煤田中。煤中镓的含量一般小于20μg/g，平均为5～10μg/g，少数煤中镓含量可达50μg/g以上，特别是含Al_2O_3高的煤矸石中的镓含量更高，总体而言，我国石炭-二叠纪煤中镓含量最高，算数平均值可达17.19μg/g，另一个明显的特征是煤中富铝，镓含量随之增高，充分显示了镓、铝的亲和性。

在大同8404孔4煤层与8137孔6煤层中，个别分层煤样镓含量达到82.6μg/g和146.0μg/g；寿阳勘探区6煤和15煤层局部分层原煤镓含量分别高达1500μg/g（P64孔）、630μg/g（P23孔）和1410μg/g（P23孔）。山西省大同魏家沟勘查区2号煤层取样3件，煤中镓含量分别为30.6μg/g、45.4μg/g和40.8μg/g，镓金属资源量为0.55万吨；阳泉坪头勘查区9上煤层取样3件，煤中镓含量分别为30.1μg/g、34.7μg/g和25.8μg/g，镓金属资源量为10.92万吨；平朔朔南规划区10号煤层镓含量达31.75μg/g，镓金属资源量为7.79万吨。

内蒙古准格尔煤田各煤层中镓的平均含量在18.8～26.0μg/g，但分布很不均匀，尽管镓在黑岱沟煤矿主采煤层中富集成矿，但其他矿区煤中未达到成矿规模。

平面上，主采煤层在准格尔煤田北部以及中部富集镓；垂向上，太原组底部煤层与山西组煤层中镓的含量较太原组中上部煤层中高；同一煤层中，靠近顶底板的煤分层中镓含量较中部分层中高。准格尔煤田6号煤层全层煤样中镓的平均含量为44.8μg/g。结合黑岱沟矿区6号煤层的保有储量，计算出煤中镓资源量为4.9057万吨，是世界上独特的与煤共伴生的超大型镓矿床。

八、煤中锗

我国在20世纪中期开展过煤中锗资源调查，相继发现了一系列含锗煤矿，但大多数煤中锗含量普遍偏低。近些年在云南省滇西地区，内蒙古锡林郭勒盟胜利煤田和呼伦贝尔市伊敏煤田相继发现了超大型含锗煤矿。

云南临沧超大型锗矿床产于临沧盆地新近系砂岩，锗矿体赋存于盆地西缘的褐煤中。现已发现锗资源有工业价值的矿区有帮卖（大寨和中寨）、腊东（白塔）矿区、芒回矿区、等嘎矿区，锗均匀分布在整个褐煤层。内蒙古锡林郭勒盟胜利煤田乌兰图嘎锗矿属煤层中的超大型锗矿床，锗金属资源量达1600t，约占中国锗储量的30%。乌兰图嘎煤-锗矿床在横向上矿层连续分布，层位也比较稳定，随煤层向西北方向略有倾斜，倾角一般5°左右，为近水平微倾斜矿层。矿层平均厚度9.88m，西北部厚、东南部薄，厚度变化较均匀，规律明显，形态简单。横向上，从盆地边缘向盆内方向，煤层由薄变厚，渐变规律明显，但是含锗的品位则由高变低，也具有明显的方向渐变性。

内蒙古伊敏煤田大磨拐河组各煤层多数有锗异常，主要分布在五牧场全区及伊敏南露天西南部边缘，其中以五牧场区发育最好，具工业价值的含锗煤层达5层以上。锗一般赋存在煤层及炭泥岩夹矸中，锗含量一般50～200μg/g，最高可达470μg/g。初步预计锗资源量超过4000t，成为继胜利煤田之后的又一特大型煤伴生锗矿田。

参考文献

[1] 国家安全生产监督管理总局，等.煤矿安全规程［M］.北京：煤炭工业出版社，2016

[2] 谢和平，王金华，鞠杨，等.煤炭革命的战略与方向［M］.北京：科学出版社，2018

[3] 谢和平，刘见中，高明忠，等.特殊地下空间的开发利用［M］.北京：科学出版社，2018

[4] 王君利.采煤概论［M］.北京：中国劳动社会保障出版社，2018

[5] 钱鸣高，许家林，王家臣.再论煤炭的科学开采［J］.煤炭学报，2018，43（1）：1-13

[6] 王家臣，张锦旺.综放开采顶煤放出规律的BBR研究［J］.煤炭学报，2015，40（3）：487-493

[7] 邓雪杰，张吉雄，黄鹏，等.特厚煤层上向分层充填开采顶板移动特征分析［J］.煤炭学报，2015，40（5）：994-1000

[8] 王家臣，吕华永，王兆会，等.特厚煤层卸压综放开采技术原理的实验研究［J］.煤炭学报，2019，44（3）：906-914

[9] 王家臣.我国放顶煤开采的工程实践与理论进展［J］.煤炭学报，2018，43（1）：43-51

[10] 杨胜利，赵斌，李良晖.急倾斜煤层伪俯斜走向长壁工作面煤壁破坏机理［J］.煤炭学报，2019（2）：367-376

[11] 郭忠平，王凯，陈建杰.急倾斜极近距离煤层联合开采采煤方法研究［J］.煤炭科学技术，2017，（1）：68-72

[12] 王家臣，魏炜杰，张锦旺，等.急倾斜厚煤层走向长壁综放开采支架稳定性分析［J］.煤炭学报，2017，42（11）：2783-2791

[13] 张吉雄，张强，巨峰，等.深部煤炭资源采选充绿色化开采理论与技术 [J].煤炭学报，2018，43：377-389

[14] 张志华，白金锋，刘洋，等.煤炭气化过程数学模型构建的研究进展 [J].煤炭科学技术，2019，47（11）：196-205

[15] 王振飞，李琛光.神东矿区块煤工业气化试验研究 [J].洁净煤技术，2018，24（S2）：52-55

[16] 王国法，庞义辉，马英.特厚煤层大采高综放自动化开采技术与装备 [J].煤炭工程，2018，50（1）：1-6

[17] 王国法，庞义辉，李明忠，等.超大采高工作面液压支架与围岩耦合作用关系 [J].煤炭学报，2017，42（2）：518-526

[18] 王国法，庞义辉，张传昌，等.超大采高智能化综采成套技术与装备研发及适应性研究 [J].煤炭工程，2016，48（9）：6-10

[19] 康红普，徐刚，王彪谋，等.我国煤炭开采与岩层控制技术发展40年及展望 [J].采矿与岩层控制工程学报，2019，1（2）：7-39

[20] 康红普，杨景贺.锚杆组合构件力学性能实验室试验及分析 [JL煤矿开采，2016，21（3）：1-6

[21] 王国法，庞义辉.特厚煤层大采高综采综放适应性评价和技术原理 [J].煤炭学报，2018，43（1）：33-42

[22] 谢和平，鞠杨，高明忠，等.煤炭深部原位流态化开采的理论与技术体系 [J].煤炭学报，2018，43（5）：1210-1219

[23] 谢和平，高峰，鞠杨，等.深地煤炭资源流态化开采理论与技术构想 [j].煤炭学报，2017，42：547-556

[24] 袁亮.煤炭精准开采科学构想 [J].煤炭学报，2017，42（1）：1-7

[25] 周福宝，刘春，夏同强，等.煤矿瓦斯智能抽采理论与调控策略 [J].煤炭学报，2019，44（8）：2377-2387

[26] 周福宝，孙玉宁，李海鉴，等.煤层瓦斯抽采钻孔密封理论模型与工程技术研究 [J].中国矿业大学学报，2016，45（3）：433-439

[27] 魏连江，周福宝，梁伟，等.矿井通风网络特征参数关联性研究 [J].煤炭学报，2016，41（7）：1728-1734

[28] 孙世勇.煤矿地质工程的勘查特点及勘探技术分析 [J].中文科技期刊数据库（引文版）工程技术，2023（4）：4

[29] 王强.煤矿地质工程勘察若干问题的研究 [J].工程技术研究，2021，2（12）：55-56

[30] 石志峰.矿产工程地质勘查技术的分析 [J].世界有色金属，

2019（21）：2

[31] 桑德坤.矿产工程地质勘查技术实践新论［J］.数码设计（下），2019（8）：198-199

[32] 贾子超，孔婕.煤炭资源勘查阶段工程地质评价方法探讨［J］.中文科技期刊数据库（全文版）自然科学，2021（9）：2

[33] 王波.浅谈煤矿井巷喷射混凝土工程的见证取样［J］.当代化工研究，2020（8）：2

[34] 张鹏，刘亮，江辉，等.煤矿地质勘探技术及地质环境综合治理探析［J］.山西冶金，2019，42（2）：2

[35] 冯涛.标准煤矿开采作业中科学选择采煤工艺的方法研究［J］.中国石油和化工标准与质量，2022，42（7）：2

[36] 方民新.煤矿采煤方法与采掘工艺及采区施工措施分析［J］.当代化工研究，2021（17）：2

[37] 刘鹏.煤矿采煤方法与采掘工艺及采区施工措施［J］.科学大众：科技创新，2020（2）：1

[38] 侯财旺.探讨煤矿采煤方法及采煤工艺改造中的关键环节［J］.中国石油和化工标准与质量，2019（15）：2

[39] 纪尚.分析煤矿工程中井下采煤的工艺与方法［J］.中国科技投资，2019（12）：125

[40] 张宇，王永伟，石磊.露天煤矿开采工艺现状及发展方向［J］.当代化工研究，2020（8）：9-10

[41] 高登.露天煤矿开采工艺现状及发展方向［J］.内蒙古煤炭经济，2021（22）：3

[42] 叶娥周瑞通.商品煤提质增效研究［J］.洁净煤技术，2019（S01）：133-135

[43] 郭子一，刘建荣，郭志宾，etal.我国煤系共伴生矿产资源综合利用研究进展［J］.矿产保护与利用，2022，42（6）：9

[44] 张福强，廖家隆，赵冠华，etal.广西煤系共伴生矿产资源特征及开发现状研究［J］.中国煤炭地质，2019，31（5）：6

[45] 任辉，朱士飞，王行军，等.煤系矿井水资源开发利用问题与对策研究［J］.中国煤炭地质，2020，32（9）：12